数値計算法基礎

工学博士　田中　敏幸　著

コロナ社

ま え が き

この本は，情報系の大学３年生を対象として書かれたものであるが，大学４年生や大学院生が研究で数値解析を始めるときにも最初の文献として利用できるように心がけて執筆を行っている。数値計算法，数値解析の基礎的なテキストは多くの方々が執筆されているが，それらはおもに執筆者の所属する各大学等の教科書として執筆されたものである。そのためそれぞれの書籍で扱っている内容は，教科書として利用する大学の卒業研究および大学院での研究に必要な内容に特化しているのが普通である。

私が所属する慶應義塾大学物理情報工学科は，非常に多岐にわたった研究分野の研究室によって構成されているという特色がある。そのためそれぞれの研究室における卒業研究では，行列計算から固有値問題，実験データ解析，偏微分方程式に至る多くの内容が数値計算手法として必要となる。いままでに出版されている書籍では取り扱っている範囲が限定されているため，物理情報工学科のすべての研究室で利用できる内容を網羅するためには何冊ものテキストが必要となる。また，必要な内容をすべて網羅している書籍としては，数百ページに及ぶアルゴリズム事典のようなものがあるが，教科書として授業で使用するものとしては不適当である。

数値計算法の基礎を勉強するとき必ずしも研究で利用する高度なレベルのアルゴリズムを勉強する必要はなく，その基礎になる部分を要領よく勉強し，専門の研究を始めたときにさらにレベルアップするという手法をとったほうが研究効率がよいように思われる。本書では，いろいろな分野で利用される数値計算法のアルゴリズムについて，それらの基本的手法についての説明を行っている。固有値問題，常微分方程式などといった一つのトピックスをそれぞれ一つの章にまとめ，それらのトピックスの最も基本的と思われる手法についての説明を行っている。数値解析アルゴリズムを研究の対象としていない多くの分野では，本書に書かれた内容を理解すれば十分であると思われる。もちろん数値計算アルゴリズムを対象とした専門的な研究では，本書の内容を基礎としてさらに発展的な数値計算手法を学ばなければならないことは言うまでもない。また，本書では数値計算法に関連した最近の話題などについても盛り込んでいる。本書が，これから数値計算法を勉強しようとする読者の一助になれば幸いである。

最後に本書原稿を熟読し，内容に関して多くの御意見をいただいた慶應義塾大学理工学部の相吉英太郎氏，本多 敏氏，畑山明聖氏に心からお礼申し上げたい。

2006 年 1 月

田中　敏幸

目　　　次

1.　数値計算法の基礎

2.　行列演算の基本

3.　連立 1 次方程式

4. 固有値問題

5. 実験データの多変量解析

6. 離散データ点の補間

7. 時系列データの周波数解析

8. 常微分方程式

9. 非線形方程式

10. 数理計画法

11. 数値積分

12. 偏微分方程式

13. モンテカルロ法

1
数値計算法の基礎

工学的な諸問題に対して数値解析を行う前にまず考えておかなければならないことが二つある。一つは問題の定式化であり，もう一つは数値計算の精度である。どんなにすばらしい数値解析法が用意されていても，問題の定式化が間違っていては話にならない。また，定式化が正しかったとしても，コンピュータでの計算によりどの程度の精度で解が求まっているかを知らなければ，得られた解から誤った判断をしてしまうことになる。この章では，問題の定式化および数値解析をする際の注意事項について説明する。

1.1　問題の記述と解法

工学的な問題を解析する場合には，まず問題を記述し，解法を考え，解析するなどの手順が必要となる。どのようなことを考えていかなければならないかそれぞれの項目について説明する。

(1)　問題の定式化と分析法

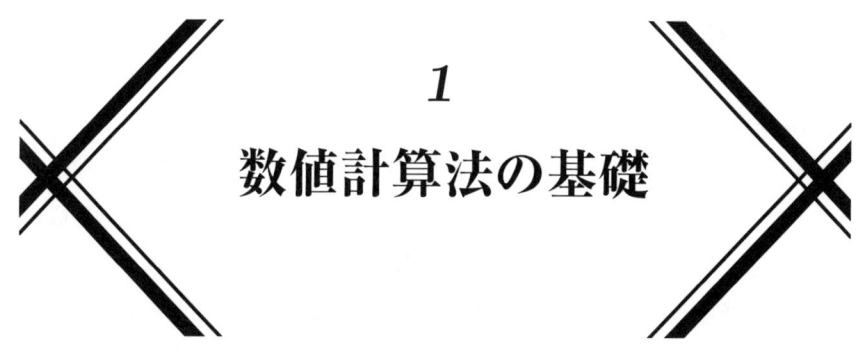

与えられた問題の本質を理解し，定式化を行う。この時点での定式化によってこの後の結果がすべて変わってくる。同様の問題であっても，時間的な変化を考えいるのか，定常状態の値を求めるのかによって定式化そのものも違ってくる。また，問題の分析方法として，取得した（あるいは与えられた）データのもっている情報を分析する場合と，問題を数式化して解析する場合がある。データの情報を解析する場合の目標としては，特性を表す近似式の誘導，データ点間の補間，データ点列のもつ周波数特性の解析などがある。問題を数式で

記述して解析する場合の目標としては，システムを表す微分方程式の解計算，代数方程式の解計算などがある。

(2) 解法を検討する

定式化が行われた段階で，解法についてはほぼ決定する。それぞれの問題に対して違った特徴をもついくつかの解析方法が存在するので，各解法の特徴と問題の性質を考慮して，どの解析方法を選ぶかを判断する。例えば，データの近似特性を求める場合には，回帰分析，主成分分析などの方法がある。データそのものがもっている性質を考慮して，これらの手法のどれを選ぶかを決定する。最終的に得たい情報によって手法が決まってくる場合もある。また，システムを特徴づける式が微分方程式で記述される場合にはルンゲ・クッタ法などが用いられ，非線形方程式で記述される場合にはニュートン法などが用いられる。

(3) 計算アルゴリズムを決める

プログラミングを行うためのアルゴリズムを決定する。アルゴリズムについては，解法が決まった段階で必要な精度を考慮して決定する。回帰分析，ルンゲ・クッタ法などの解析法の使用が決まると，その解法の標準的なアルゴリズムがあるので，精度保証などの特殊な処理が必要でなければ標準的なものを用いる。ただし，定式化が複雑で一つの解法では解けない場合には，いくつかを組み合わせて複合的なアルゴリズムを作らなければならない。また，扱っている問題が標準的なアルゴリズムでは解けない場合，その問題に応じた工夫をしなければならない。同じ処理を何回も行って計算効率が落ちないように，アルゴリズムの推敲（すいこう）を行う必要がある。複合的なアルゴリズムを作る場合や問題の定式化そのものが複雑な場合には特に気をつけなければならない。

(4) 言語を選びプログラムを作成する

アルゴリズムと並行して，数値解析を行うための言語を選ばなければならない。科学技術計算を行うための言語としては，Fortran，C 言語，Java などいくつか考えられるが，本書では **C 言語**を用いる。これ以外にも処理の多くが関数化されて，プログラムが簡単になっている言語として，MATLAB,

Mathematica などがある。

(5) 実行した結果の評価を行う

プログラムが思い通りに実行しているかどうかについて，実行した結果を評価する。数式的に解いた結果などと比較してプログラムの動作確認を行う場合もあるが，問題が解析的に解けるパラメータを与えるなどしてプログラムが所望の結果を出すことを調べる場合が多い。複合的な問題，解析解や答えのはっきりとわからない問題などの場合には，この評価自体が非常に難しくなる。このような場合でも何らかの検討を行うことによって，作ったプログラムの妥当性を示さなければならない。

1.2 数値解析における注意事項

2 進法の使用による注意点

コンピュータを用いて数値解析を行う場合，内部演算はすべて 2 進数によって行われている。どうしても考えなければならないものにコンピュータ内部の演算システムに関する**誤差**（error）がある。それに関連して 2 進数の特徴に基づく誤差というものは避けられない。また，数値解析独特の誤差というものもある。ここでは，特に注意を必要とするいくつかについて述べることにする。

(1) 整数の桁あふれ

これは，コンピュータの内部システムに依存する。よく 32 ビットコンピュータなどという言葉を耳にすると思うが，これは内部の処理が 32 ビットで行われているコンピュータである。1 ビットというのは 2 進数 1 桁で表すことのできる情報量であり，32 ビット演算というのは 2 進数 32 桁で処理を行うことを意味する。工夫をすることによって 64 ビットでの処理を行うこともできるが，それでも表すことのできる数値には限界がある。数値解析を行う場合には，コンピュータがどのような範囲の値を処理することができるかをよく調べておかなければならない。

また，扱える数値の範囲は，コンピュータだけでなく，使っている処理系

（ソフトウェア）によっても変わってくるので，解析を行う前に必ず調べる必要がある。本書では，C 言語の利用を前提としている。C 言語では扱う数値の型（整数，実数など）によって，計算時の 2 進数の桁数（けたすう）が異なる。例として Visual C++.net の場合には，整数（int 型）は $\pm 2^{31} = \pm 2\,147\,483\,648$ の範囲（最大値は 2 147 483 647）で利用することができる。この程度の範囲があれば桁あふれすることは少ないと思われるが，処理系によって整数型は古い C 言語にならって $\pm 2^{15} = \pm 32\,768$ の範囲（最大値は 32 767）となっていることがある。このような場合には桁あふれしてしまう可能性があるので気をつけよう。

(2)　小数の 2 進数表現

10 進数を 2 進数に変換したときに，10 進数の桁数とそれほど変わらない桁数で表現できる場合と 10 進数の桁数に比べて非常に大きくなってしまう場合がある。例を挙げると，10 進数の 0.75 という値は 2^{-1} と 2^{-2} の和なので，2 進数でも少ない桁数で正確に表すことができる。ところが，0.33 という値の場合には 10 進数では少ない桁数で表現できるが，2 進数では桁数をかなり多く取らないと表現することができない。このように私たちが日常使っている 10 進数とコンピュータ内部で使っている値で，数値を表現する難しさが異なるということをまず知っておこう。コンピュータ内における小数の 2 進数表現には，**固定小数点**（fixed point）と**浮動小数点**（floating point）の 2 種類がある。科学技術計算などの数値解析を行う場合には，浮動小数を用いるのが一般的である。C 言語で数値解析する場合には，実数を**倍精度**（double precision）**実数**（double 型）で扱うのが普通である。倍精度実数の有効桁数を考えれば，実用上は計算誤差の影響は少ないが，研究によっては計算精度を問題にする分野もあるので，浮動小数のことについてはよく理解しておいたほうがよい。コンピュータ内での浮動小数の表現方法としては **IEEE754** という**国際規格**（international standard）があり，この規格についてはあとで説明する。

(3)　桁落ちの問題

実験などのデータ整理を行っているとつぎのような問題に直面することがある。いま二つの実験値を 0.123 451 および 0.123 452 とする。見たとおりそれぞれは有効数字 6 桁である。ところが，データの差を取ると 0.000 001 となり，この場合は有効数字 1 桁ということになる（小数点以下初めて数値が出るまでの 0 の数は有効数字に含めない）。このデータの差を使ってつぎに続く計算を行った場合には，その時点からの計算結果をすべて有効数字 1 桁で考えていかなければならない。このようにデータの差を取ったときに有効数字の減少が起こることを**桁落ち**（loss of singnificant digits）と呼んでいる。数値解析の場合に桁落ちの問題は頻繁に出てくる。アルゴリズムを考えるときには，このような桁落ちを避けるための処理というものをつねに考えなければならない。

例題 *1.1* 2 次方程式 $ax^2 + bx + c = 0$ の解は，つぎの公式を用いて計算できることが知られている。

$$x = \frac{-b \pm \sqrt{b^2 - 4ac}}{2a}$$

しかしこの公式を用いるとつぎの条件で桁落ちが起こる。

(1) $0 < b$ かつ $4ac \ll b^2$

(2) $b < 0$ かつ $4ac \ll b^2$

上記の条件で桁落ちを起こさないためにはどのようにすればよいか。

【解答】 条件 (1) についてはつぎの公式を用いたときに桁落ちが起こる。

$$x_1 = \frac{-b + \sqrt{b^2 - 4ac}}{2a}$$

桁落ちを防ぐためには，この公式をつぎのように変形して用いればよい。

$$x_1 = \frac{-2c}{b + \sqrt{b^2 - 4ac}}$$

条件 (2) についてはつぎの公式を用いたときに桁落ちが起こる。

$$x_2 = \frac{-b - \sqrt{b^2 - 4ac}}{2a}$$

桁落ちを防ぐためには，この公式をつぎのように変形して用いればよい。

$$x_2 = \frac{2c}{-b + \sqrt{b^2 - 4ac}}$$

◇

(4) 情報落ちの問題

データ処理を行っているときに加算，減算などで二つの数値の桁に大きな差があることがある。極端に大きさの違う数値の演算を行ったときに小さいほうの値の下のほうの桁が失われてしまう場合がある。このような現象のことを**情報落ち**と呼んでいる。例えば，12 345.0 と 0.123 456 はともに有効数字 6 桁の値であるが，12 345.0 + 0.123 456 を行って有効数字 6 桁を取ると 12 345.1 となり，小さいほうの数値の下位 5 桁が失われてしまう。これは加減算の場合に特に問題となるので，数値計算を行う場合に極端に大きさの違った値の演算にならないように気をつけなければならない。

(5) 反復計算による誤差蓄積

小数の 2 進数表現についてはすでに説明したが，数値解析を行うときすべての数値が誤差をもっているということを認識していなければならない。64 ビットの浮動小数を利用したときに，単独の数値はわずかな誤差であっても 100 000 倍すると誤差は 100 000 倍になる。大きな問題になると演算回数はそれよりもはるかに大きな数になるので，その点を考慮して，作られたプログラムの計算結果がどの程度の誤差をもっているかを評価しなければならない。

最近では，**精度保証つきアルゴリズム**といわれる，演算回数が膨大になっても精度に影響を及ぼさないアルゴリズムも考えられている。重要なアルゴリズムの一つではあるが，本書では扱わないことにする。

1.3 浮動小数点の扱い

C 言語などを用いて数値解析を行う場合に小数を扱う場合が多い。コンピュータ内部で小数を扱うときに数値は 2 進数で表現されており，2 進数の小数点位置の扱い方の違いから固定小数点と浮動小数点という方法がある。科学技術計算などで用いられる小数は一般的に浮動小数点の演算となっている。浮動小数点の扱いには IEEE754 という国際規格がある。ここでは IEEE754 について基礎的なことを説明する。IEEE754 のことがわかると C 言語の `float`

や double の扱える範囲がどのように決まったのかがわかると思う。

1.3.1　IEEE754 規格

C 言語の数値解析では実数のデータ型として double を用いるのが普通である。そこで double 型を例に取り，IEEE754 のことを説明することにする。

C 言語の double 型は 64 ビットの 2 進数で表現された数値である。いま 64 ビットの 2 進数をつぎのように考える。2 進数であるから各ビットの数 b_i $(i = 0, \cdots, 63)$ は 0 あるいは 1 のいずれかである。

$$b_0\ b_1\ b_2\ \cdots\ b_{61}\ b_{62}\ b_{63}$$

64 ビットの各ビットは b_0 から符号に 1 ビット，指数に 11 ビット，仮数部に 52 ビットが割り当てられている。各ビットの数値を用いて 2 進数から 10 進数に変換する式はつぎのようになる。このような式で表現される数値を**正規化数**と読んでいる。

$$x = (-1)^{b_0} \times 2^{e-1\,023} \times \left(1 + \sum_{i=12}^{63} \frac{b_i}{2^{i-11}}\right) \tag{1.1}$$

$$e = \sum_{i=1}^{11} b_i 2^{11-i}$$

式 (*1.1*) の $(-1)^{b_0}$ が**符号部**，$2^{e-1\,023}$ が**指数部**，その後の括弧の部分が**仮数部**となっている。ただし，e の範囲は $1 \leqq e \leqq 2^{11} - 2$ である。64 ビットの 2 進数のうちすべてのビットが 0 や 1 になる場合はあとで記述する特殊な数値に割り当てられている。式 (*1.1*) の特徴的なこととしてつぎの 2 点がある。

(1)　e の値が**バイアス表現**となっており必ず正の値となるように式が調整されている。

(2)　仮数部で 1 が加えられている。1 を加えて仮数部の 2^0 の数値がつねに 1 になるように指数部と仮数部の数値が調整される。この処理によって仮数部が 1 ビット多く利用できる。この仮数部表現方法のことを**ケチ表現**と呼んでいる。

例題 1.2 IEEE754 規格で表される 64 ビット浮動小数の中で絶対値の最小のものと絶対値の最大のものを示せ。ただし，仮数部の桁数は小数点以下 15 桁とする。

【解答】 絶対値が最小となる小数は，指数部 $e = 1$ および仮数部 $b_i = 0$ $(i = 12, \cdots, 63)$ の場合であるからつぎの値となる。

$$\pm 2^{1-1\,023} = \pm 2^{-1\,022} = \pm 2.225\,073\,858\,507\,201 \times 10^{-308}$$

絶対値が最大となる小数は，$e = 2\,046$ および $b_i = 1$ $(i = 12, \cdots, 63)$ の場合であるからつぎの値となる。

$$\pm 2^{2\,046-1\,023} \times \left(1 + \sum_{i=12}^{63} \frac{1}{2^{i-11}}\right) = \pm 1.797\,693\,134\,862\,315 \times 10^{308}$$

◇

1.3.2 IEEE754 の特殊な数値

IEEE754 規格では 2 進数によって特殊な数値がいくつか定義されている。特殊な数値は，すべてのビットが 0 となる場合や 1 となる場合など 2 進数での特徴的な表現のときに対応させている。つぎにそれらを示すことにする。

(1) 浮動小数の 0

浮動小数で 0 を表すビットパターンが二つあるのに気づいただろうか。一つはすべてのビットが 0 の場合である。

$$b_i = 0 \quad (i = 0, \cdots, 63) \tag{1.2}$$

もう一つは，つぎのように最初の 1 ビットが 1 で，あとがすべて 0 の場合である。

$$b_0 = 1,\ b_i = 0 \quad (i = 1, \cdots, 63) \tag{1.3}$$

最初の 1 ビットは符合を表すので 0 の場合はいずれの符号でもよいことになる。つまり IEEE754 規格では 0 が 2 種類存在することになる。先に説明した 0 を +0，あとで説明した 0 を −0 と呼ぶことがある。

(2) 正負の無限大

IEEE754 規格では，特殊な数値として**無限大**も用意されている。無限大も正負それぞれの場合によって，割り当てられた 2 進数が異なっている。正の無限大 $+\infty$ はつぎの 2 進数が割り当てられている。

$$b_0 = 0, \quad b_i = 1 \quad (i = 1, \cdots, 11), \quad b_i = 0 \quad (i = 12, \cdots, 63) \qquad (1.4)$$

また，負の無限大 $-\infty$ としてつぎの 2 進数が割り当てられている。

$$b_0 = 1, \quad b_i = 1 \quad (i = 1, \cdots, 11), \quad b_i = 0 \quad (i = 12, \cdots, 63) \qquad (1.5)$$

無限大の正負については 2 進数の最初のビットが符号ビットであることから容易に理解できると思う。

(3) その他の特殊な数値

その他の特殊な数値として指数部 e の各ビットがすべて 0 になる場合がある。この場合にはケチ表現を用いない**非正規化数**という表現が割り当てられている。非正規化数の表現を記述するとつぎのようになる。

$$x = (-1)^{b_0} \times 2^{-1\,023} \times \sum_{i=12}^{63} \frac{b_i}{2^{i-11}} \qquad (1.6)$$

この数値はきわめて特殊で内容的にはそれほど必要とされないと思うので，詳しい説明は省略することにする。IEEE754 規格では，指数部 e の値がすべて 0 で仮数部に値をもつような 2 進数は特殊な数値を表すということだけ知っていれば十分だろう。

ここでは，64 ビットの 2 進数で表される `double` 型の実数について 10 進数との関係を示したが，32 ビットの `float` 型実数についても同様の処理が行われている。`float` 型実数の場合には，符号部 1 ビット，指数部 8 ビット，仮数部 23 ビットが割り当てられている。

章　末　問　題

(1)　つぎの計算式は $|y| \ll |x|$ のときに桁落ちが起こる。

$$\sqrt{x+y} - \sqrt{x}$$

桁落ちを防ぐためにはどのような式を用いればよいか。

(2)　IEEE754 規格で表される 32 ビット浮動小数の中で絶対値の最小のものと絶対値の最大のものを示せ。仮数部の桁数は小数点以下 8 桁で表現せよ。

2 行列演算の基本

この章では，行列の演算を計算機で実行する場合の計算方法について説明する。シミュレーションなどの技術計算では，行列どうしの演算を頻繁に行わなければならない。数値計算方法を解説する場合，行列演算の方法は知っているものとして話を進めることが多いが，実際のプログラムでは $n \times n$ 型の行列（正方行列）の演算などで悩むことも少なくない。ここでは，行列演算について n 次元ベクトルと $n \times n$ 型行列の四則演算，ピボット選択，三角分解（LU 分解）をプログラミングに利用できる形で数式化する。

2.1 行列の四則演算

2.1.1 行列の加算

(1) n 次元ベクトルの加算

ここでは，行列の加算について示す。二つの n 次元列ベクトル $[a_i]$，$[b_i]$ を加算したベクトルを $[c_i]$ とすると，その演算はつぎのように表すことができる。

$$\begin{bmatrix} c_1 \\ c_2 \\ \vdots \\ c_n \end{bmatrix} = \begin{bmatrix} a_1 \\ a_2 \\ \vdots \\ a_n \end{bmatrix} + \begin{bmatrix} b_1 \\ b_2 \\ \vdots \\ b_n \end{bmatrix} \tag{2.1}$$

この n 次元列ベクトルの加算をプログラミングに利用できる書式にするとつぎのようになる。

$$c_i = a_i + b_i \tag{2.2}$$

C 言語などのプログラム中では，添え字 i を繰返し演算によって処理すれば，容易にベクトルの加算を行うことができる。ここでは，n 次元列ベクトルの場合について説明したが，n 次元行ベクトルについても演算式は同形となる。

(2) $\boldsymbol{n \times n}$ 型（正方）行列の加算

$n \times n$ 型（正方）行列 $[a_{ij}]$，$[b_{ij}]$ を加算した行列を $[c_{ij}]$ とすると，その演算はつぎのように表すことができる。

$$\begin{bmatrix} c_{11} & c_{12} & \cdots & c_{1n} \\ c_{21} & c_{22} & \cdots & c_{2n} \\ \vdots & \vdots & \ddots & \vdots \\ c_{n1} & c_{n2} & \cdots & c_{nn} \end{bmatrix} = \begin{bmatrix} a_{11} & a_{12} & \cdots & a_{1n} \\ a_{21} & a_{22} & \cdots & a_{2n} \\ \vdots & \vdots & \ddots & \vdots \\ a_{n1} & a_{n2} & \cdots & a_{nn} \end{bmatrix} + \begin{bmatrix} b_{11} & b_{12} & \cdots & b_{1n} \\ b_{21} & b_{22} & \cdots & b_{2n} \\ \vdots & \vdots & \ddots & \vdots \\ b_{n1} & b_{n2} & \cdots & b_{nn} \end{bmatrix} \tag{2.3}$$

この $n \times n$ 型行列の加算をプログラミングに利用できる書式にするとつぎのようになる。

$$c_{ij} = a_{ij} + b_{ij} \tag{2.4}$$

プログラム中では，添え字 i，j を繰返し演算によって処理すれば，容易に加算を行うことができる。この場合には添え字が二つあるので，プログラムは二重ループ構造となる。ここでは $n \times n$ 型の行列について説明を行ったが，$m \times n$ 型行列についても同様の計算ができる。

2.1.2 行列の減算

(1) $\boldsymbol{n}$ 次元ベクトルの減算

ここでは，行列の減算について示す。n 次元列ベクトル $[a_i]$ から $[b_i]$ を減算したベクトルを $[c_i]$ とすると，その演算はつぎのように表すことができる。

$$\begin{bmatrix} c_1 \\ c_2 \\ \vdots \\ c_n \end{bmatrix} = \begin{bmatrix} a_1 \\ a_2 \\ \vdots \\ a_n \end{bmatrix} - \begin{bmatrix} b_1 \\ b_2 \\ \vdots \\ b_n \end{bmatrix} \tag{2.5}$$

この n 次元列ベクトルの減算をプログラミングに利用できる書式にするとつぎのようになる。

$$c_i = a_i - b_i \tag{2.6}$$

プログラム中では，添え字 i を繰返し演算によって処理すればよい。ここでは，n 次元列ベクトルの場合について示したが，n 次元行ベクトルについても演算式は同形となる。

(2)　$\boldsymbol{n} \times \boldsymbol{n}$ 型行列の減算

$n \times n$ 型行列 $[a_{ij}]$ から $[b_{ij}]$ を減算したベクトルを $[c_{ij}]$ とすると，その演算はつぎのように表すことができる。

$$\begin{bmatrix} c_{11} & c_{12} & \cdots & c_{1n} \\ c_{21} & c_{22} & \cdots & c_{2n} \\ \vdots & \vdots & \ddots & \vdots \\ c_{n1} & c_{n2} & \cdots & c_{nn} \end{bmatrix}$$
$$= \begin{bmatrix} a_{11} & a_{12} & \cdots & a_{1n} \\ a_{21} & a_{22} & \cdots & a_{2n} \\ \vdots & \vdots & \ddots & \vdots \\ a_{n1} & a_{n2} & \cdots & a_{nn} \end{bmatrix} - \begin{bmatrix} b_{11} & b_{12} & \cdots & b_{1n} \\ b_{21} & b_{22} & \cdots & b_{2n} \\ \vdots & \vdots & \ddots & \vdots \\ b_{n1} & b_{n2} & \cdots & b_{nn} \end{bmatrix} \tag{2.7}$$

この行列の減算をプログラミングに利用できる書式にするとつぎのようになる。

$$c_{ij} = a_{ij} - b_{ij} \tag{2.8}$$

プログラム中では，添え字 i, j を繰返し演算によって処理すればよい。減算の場合も一般的な $m \times n$ 型行列の演算に拡張することができる。

2.1.3 行列の乗算

(1) n 次元ベクトルの乗算

ここでは，行列の乗算について示す。二つの n 次元ベクトル $[a_i]$ と $[b_i]$ を乗算したベクトルを $[c_i]$ とすると，n 次元行ベクトルと n 次元列ベクトルの乗算では，乗ずる順番によって異なる結果となる。まず始めに行ベクトル・列ベクトルの乗算を行うときの演算を示すとつぎのようになる。

$$c = \begin{bmatrix} a_1 & a_2 & \cdots & a_n \end{bmatrix} \begin{bmatrix} b_1 \\ b_2 \\ \vdots \\ b_n \end{bmatrix} \tag{2.9}$$

この n 次元ベクトルの乗算をプログラミングに利用できる書式にするとつぎのようになる。

$$c = \sum_{i=1}^{n} a_i b_i \tag{2.10}$$

プログラム中では，添え字 i を繰返し演算によって処理すればよい。つぎに列ベクトル・行ベクトルの乗算を行うとつぎのような演算となる。

$$\begin{bmatrix} c_{11} & c_{12} & \cdots & c_{1n} \\ c_{21} & c_{22} & \cdots & c_{2n} \\ \vdots & \vdots & \ddots & \vdots \\ c_{n1} & c_{n2} & \cdots & c_{nn} \end{bmatrix} = \begin{bmatrix} a_1 \\ a_2 \\ \vdots \\ a_n \end{bmatrix} \begin{bmatrix} b_1 & b_2 & \cdots & b_n \end{bmatrix} \tag{2.11}$$

この n 次元列ベクトルの乗算をプログラミングに利用できる書式にするとつぎのようになる。

$$c_{ij} = a_i b_j \tag{2.12}$$

(2) $n \times n$ 型行列の乗算

$n \times n$ 型行列 $[a_{ij}]$ と n 次元列ベクトル $[b_j]$ を乗算した結果のベクトルを $[c_i]$ とすると，その演算はつぎのように表すことができる。

$$\begin{bmatrix} c_1 \\ c_2 \\ \vdots \\ c_n \end{bmatrix} = \begin{bmatrix} a_{11} & a_{12} & \cdots & a_{1n} \\ a_{21} & a_{22} & \cdots & a_{2n} \\ \vdots & \vdots & \ddots & \vdots \\ a_{n1} & a_{n2} & \cdots & a_{nn} \end{bmatrix} \begin{bmatrix} b_1 \\ b_2 \\ \vdots \\ b_n \end{bmatrix} \tag{2.13}$$

この $n \times n$ 型行列と n 次元列ベクトルの乗算をプログラミングに利用できる書式にするとつぎのようになる。

$$c_i = \sum_{j=1}^{n} a_{ij} b_j \tag{2.14}$$

つぎに，$n \times n$ 型行列 $[a_{ij}]$ と $[b_{ij}]$ を乗算したベクトルを $[c_{ij}]$ とすると，その演算はつぎのように表すことができる。

$$\begin{bmatrix} c_{11} & c_{12} & \cdots & c_{1n} \\ c_{21} & c_{22} & \cdots & c_{2n} \\ \vdots & \vdots & \ddots & \vdots \\ c_{n1} & c_{n2} & \cdots & c_{nn} \end{bmatrix}$$

$$= \begin{bmatrix} a_{11} & a_{12} & \cdots & a_{1n} \\ a_{21} & a_{22} & \cdots & a_{2n} \\ \vdots & \vdots & \ddots & \vdots \\ a_{n1} & a_{n2} & \cdots & a_{nn} \end{bmatrix} \begin{bmatrix} b_{11} & b_{12} & \cdots & b_{1n} \\ b_{21} & b_{22} & \cdots & b_{2n} \\ \vdots & \vdots & \ddots & \vdots \\ b_{n1} & b_{n2} & \cdots & b_{nn} \end{bmatrix} \tag{2.15}$$

この $n \times n$ 型行列の乗算をプログラミングに利用できる書式にするとつぎのようになる。

$$c_{ij} = \sum_{k=1}^{n} a_{ik} b_{kj} \tag{2.16}$$

プログラム中では，添え字 i, j, k を繰返し演算によって処理すればよい。この場合には添え字が三つあるので，プログラムは三重ループ構造になる。

一般的な行列の乗算の場合，$m \times n$ 型行列と $n \times l$ 型行列の積は，$m \times l$ 型行列となる。ここで示した例は，数値解析で特によく利用されると思われる組合せであるが，このほかにも多くの組合せが存在する。いままでの説明からほかの組合せについても類推ができるものと思われる。

コーヒーブレイク

基本演算

つぎの三つの行列操作は，行列の行に対する**基本演算**と呼ばれる。3 章で説明する連立 1 次方程式の解法などは，この基本演算を中心として処理が行われている。

(1) 行を入れ替える。

(2) ある行の要素をすべて k 倍する。

(3) ある行の要素を k 倍して他の行の要素に加える。

これらの基本演算を行っても行列の階数は変化しない。もちろん列に対しても同様の性質をもっている。

2.2 ピボット選択

基本演算ではないが連立 1 次方程式や逆行列の計算の際に，係数行列の第 k 列の第 k 行目以降の要素の中で絶対値が最も大きいものを探し，それが第 l 行にあれば第 k 行と第 l 行全体を入れ替えるという操作がよく用いられる。このように絶対値の最大の行を選ぶ操作のことを**ピボット**（pivot）**選択**（**部分ピボット選択**）という。いまつぎのような連立 1 次方程式を考える。

$$\begin{bmatrix} a_{11} & a_{12} & \cdots & a_{1n} \\ a_{21} & a_{22} & \cdots & a_{2n} \\ \vdots & \vdots & \ddots & \vdots \\ a_{n1} & a_{n2} & \cdots & a_{nn} \end{bmatrix} \boldsymbol{x} = \begin{bmatrix} b_1 \\ b_2 \\ \vdots \\ b_n \end{bmatrix} \tag{2.17}$$

左辺の係数行列 $\boldsymbol{A} = [a_{ij}]$ についてピボット選択を行う際に，右辺の同じ行についても入替えを行えば，$\boldsymbol{x}$ の未知数の順番は変化しない。このような式の両辺に対してピボット選択を行うことは，行列を展開したときの式の順序を入れ替えることに相当しており，結果には影響を与えないことは容易にわかる。

ピボット選択を行列表現で行うときにはつぎに示す置換行列 $\boldsymbol{P}$ を用いる。正方行列の第 p 行と第 q 行（あるいは第 p 列と第 q 列）を入れ替えるとき，置

換行列 $\boldsymbol{P}$ は単位正方行列の第 p 行と第 q 行を入れ替えたものになっている。また，置換行列は $\boldsymbol{P} = \boldsymbol{P}^{-1}$ という性質をもっている。

$$\boldsymbol{P} = \begin{bmatrix} 1 & \cdots & 0 & \cdots & 0 \cdots & 0 & \\ \vdots & \ddots & \vdots & \ddots & \vdots & \ddots & \vdots \\ 0 & \cdots & 0 & \cdots & 1 & \cdots & 0 \\ \vdots & \ddots & \vdots & 1 & \vdots & \ddots & \vdots \\ 0 & \cdots & 1 & \cdots & 0 & \cdots & 0 \\ \vdots & \ddots & \vdots & \ddots & \vdots & \ddots & \vdots \\ 0 & \cdots & 0 & \cdots & 0 & \cdots & 1 \end{bmatrix} \begin{matrix} \\ \\ \leftarrow \text{第}\, p\, \text{行} \\ \\ \leftarrow \text{第}\, q\, \text{行} \\ \\ \\ \end{matrix} \tag{2.18}$$

正方行列 $\boldsymbol{A}$ の行を入れ替えるときは置換行列を左から掛け，列を入れ替えたいときには置換行列を右から掛ける。

例題 2.1 つぎの行列 $\boldsymbol{A}$ の第 1 行と第 2 行を入れ替える置換行列 $\boldsymbol{P}$ を示せ。また，置換行列を左から掛けることによって行列 $\boldsymbol{A}$ の第 1 行と第 2 行が入れ替わることを示せ。

$$\boldsymbol{A} = \begin{bmatrix} 6 & 5 & 4 \\ 18 & 21 & 17 \\ 12 & 13 & 10 \end{bmatrix}$$

【解答】 置換行列 $\boldsymbol{P}$ はつぎのようになる。

$$\boldsymbol{P} = \begin{bmatrix} 0 & 1 & 0 \\ 1 & 0 & 0 \\ 0 & 0 & 1 \end{bmatrix}$$

この置換行列を行列 $\boldsymbol{A}$ の左から掛けるとつぎのような結果となる。

$$\begin{bmatrix} 0 & 1 & 0 \\ 1 & 0 & 0 \\ 0 & 0 & 1 \end{bmatrix} \begin{bmatrix} 6 & 5 & 4 \\ 18 & 21 & 17 \\ 12 & 13 & 10 \end{bmatrix} = \begin{bmatrix} 18 & 21 & 17 \\ 6 & 5 & 4 \\ 12 & 13 & 10 \end{bmatrix}$$

◇

コーヒーブレイク

2 種類のピボット選択

数値計算で用いられるピボット選択にはつぎの 2 種類がある。

(1)　部分ピボット選択

本章ではこの方法について説明した。第 m 列の対角項以下の要素の中で絶対値が最大のものを探し，その行と第 m 行とを入れ替える方法である。

(2)　完全ピボット選択

m 行 m 列成分を基準として，a_{ij} $(m < i,\ m < j)$ のなかで絶対値が最大となる要素 a_{MN} を探し，M 行と m 行，N 列と m 列とをそれぞれ入れ替える方法である。この方法を用いると，列の入替えによって未知数の順番が変わるため，解が得られたあとで未知数の順番を再度入れ替える必要がある。

2.3 三角分解（LU 分解）

行列 $\boldsymbol{A}$ が与えられたとき，その行列を**下三角行列**（lower triangular matrix）と**上三角行列**（upper triangular matrix）の積の形に分解することを**三角分解**（**LU 分解**）という。三角分解にはいくつかの方法が考えられているが，ここでは一般的によく知られている**クラウト**（Crout）**法**について説明する。

いま行列 $\boldsymbol{A} = [a_{ij}]$ を下三角行列 $\boldsymbol{L} = [l_{ij}]$ と上三角行列 $\boldsymbol{U} = [u_{ij}]$ に分解することを考える。

$$\begin{bmatrix} a_{11} & a_{12} & \cdots & a_{1n} \\ a_{21} & a_{22} & \cdots & a_{2n} \\ \vdots & \vdots & \ddots & \vdots \\ a_{n1} & a_{n2} & \cdots & a_{nn} \end{bmatrix}$$

$$= \begin{bmatrix} l_{11} & 0 & \cdots & 0 \\ l_{21} & l_{22} & \cdots & 0 \\ \vdots & \vdots & \ddots & \vdots \\ l_{n1} & l_{n2} & \cdots & l_{nn} \end{bmatrix} \begin{bmatrix} u_{11} & u_{12} & \cdots & u_{1n} \\ 0 & u_{22} & \cdots & u_{2n} \\ \vdots & \vdots & \ddots & \vdots \\ 0 & 0 & \cdots & u_{nn} \end{bmatrix} \qquad (2.19)$$

下三角行列の対角成分を 1 にする方法と上三角行列の対角成分を 1 にする方法があるが，ここでは下三角行列の対角成分を $l_{ii}=1 \ (i=1,\cdots,n)$ とする。

$$l_{11}=1 \tag{2.20}$$

$$u_{1j}=a_{1j} \quad (j=1,2,\cdots,n) \tag{2.21}$$

$$u_{i1}=0 \quad (i=2,3,\cdots,n) \tag{2.22}$$

$$l_{i1}=\frac{a_{i1}}{u_{11}} \quad (i=2,3,\cdots,n) \tag{2.23}$$

$$l_{1j}=0 \quad (j=2,3,\cdots,n) \tag{2.24}$$

i 行 j 列の要素の値については，まず $i \ (=2,3,\cdots,n)$ の値に注目してつぎのように下三角行列，上三角行列の i 行 i 列（対角要素）を計算する。

$$l_{ii}=1 \tag{2.25}$$

$$u_{ii}=a_{ii}-\sum_{k=1}^{i-1} l_{ik}u_{ki} \tag{2.26}$$

下三角行列および上三角行列の i 行 j 列成分および j 行 i 列成分については，それぞれ以下の式を用いて計算を行う。

$$l_{ji}=\frac{a_{ji}-\displaystyle\sum_{k=1}^{i-1} l_{jk}u_{ki}}{u_{ii}} \tag{2.27}$$

$$u_{ji}=0 \tag{2.28}$$

$$l_{ij}=0 \tag{2.29}$$

$$u_{ij}=a_{ij}-\sum_{k=1}^{i-1} l_{ik}u_{kj} \tag{2.30}$$

n 行 n 列の成分まで計算が終わると，もとの行列 $\boldsymbol{A}$ が三角分解されている。ここで説明したクラウト法はわかりやすい方法ではあるが，ピボット選択を適用することができない。LU 分解は連立 1 次方程式の解法に利用されることが多いので，ピボット演算を適用した方法が望ましい。ピボット選択を含んだ LU 分解法としては，*3* 章で示す部分ピボット付きガウスの消去法に基づいた方法が知られている。

例題 2.2　つぎの行列 $\boldsymbol{A}$ をクラウト法を用いて三角分解（LU 分解）せよ。

$$\boldsymbol{A} = \begin{bmatrix} 6 & 5 & 4 \\ 12 & 13 & 10 \\ 18 & 21 & 17 \end{bmatrix}$$

【解答】　行列 $\boldsymbol{A}$ を下三角行列 $\boldsymbol{L}$ と上三角行列 $\boldsymbol{U}$ で表現するとつぎのようになる。

$$\begin{bmatrix} 6 & 5 & 4 \\ 12 & 13 & 10 \\ 18 & 21 & 17 \end{bmatrix} = \begin{bmatrix} l_{11} & 0 & 0 \\ l_{21} & l_{22} & 0 \\ l_{31} & l_{32} & l_{33} \end{bmatrix} \begin{bmatrix} u_{11} & u_{12} & u_{13} \\ 0 & u_{22} & u_{23} \\ 0 & 0 & u_{33} \end{bmatrix}$$

$$= \begin{bmatrix} l_{11}u_{11} & l_{11}u_{12} & l_{11}u_{13} \\ l_{21}u_{11} & l_{21}u_{12} + l_{22}u_{22} & l_{21}u_{13} + l_{22}u_{23} \\ l_{31}u_{11} & l_{31}u_{12} + l_{32}u_{22} & l_{31}u_{13} + l_{32}u_{23} + l_{33}u_{33} \end{bmatrix}$$

両辺の各要素を対応させるとつぎのような等式が得られる。

$$l_{11}u_{11} = 6, \quad l_{11}u_{12} = 5, \quad l_{11}u_{13} = 4$$

下三角行列の対角成分の値を 1 と考えると，$l_{11} = 1$ よりつぎの値が求まる。

$$u_{11} = 6, \quad u_{12} = 5, \quad u_{13} = 4$$

この値をもとにして他の要素の値を計算する。

$$l_{21} = \frac{12}{u_{11}} = 2$$

$$l_{31} = \frac{18}{u_{11}} = 3$$

$$u_{22} = \frac{13 - l_{21}u_{12}}{l_{22}} = \frac{13 - 2 \times 5}{1} = 3$$

$$u_{23} = \frac{10 - l_{21}u_{13}}{l_{22}} = \frac{10 - 2 \times 4}{1} = 2$$

$$l_{32} = \frac{21 - l_{31}u_{12}}{u_{22}} = \frac{21 - 3 \times 5}{3} = 2$$

$$u_{33} = \frac{17 - l_{31}u_{13} - l_{32}u_{23}}{l_{33}} = \frac{17 - 3 \times 4 - 2 \times 2}{1} = 1$$

三角分解した結果はつぎのようになる。

$$\begin{bmatrix} 6 & 5 & 4 \\ 12 & 13 & 10 \\ 18 & 21 & 17 \end{bmatrix} = \begin{bmatrix} 1 & 0 & 0 \\ 2 & 1 & 0 \\ 3 & 2 & 1 \end{bmatrix} \begin{bmatrix} 6 & 5 & 4 \\ 0 & 3 & 2 \\ 0 & 0 & 1 \end{bmatrix}$$

◇

章 末 問 題

(1) 実数要素をもつ $n \times n$ 型行列 $[a_{ij}]$, $[b_{ij}]$ の要素の値をキーボードから入力して，行列の乗算 $[a_{ij}][b_{ij}]$ を行うプログラムを作成せよ。ここで，行列の大きさ n は適当に決めてよい。行列の乗算はつぎの式で計算することができる。

$$c_{ij} = \sum_{k=1}^{n} a_{ik} b_{kj}$$

(2) つぎに示す 3×3 行列 $\boldsymbol{A}$ をクラウト法を用いて下三角行列 $\boldsymbol{L}$ と上三角行列 $\boldsymbol{U}$ に分解するプログラムを作成せよ。ただし，下三角行列の対角成分がすべて 1 となるようにせよ。

$$\boldsymbol{A} = \begin{bmatrix} 6 & 5 & 4 \\ 12 & 13 & 10 \\ 18 & 21 & 17 \end{bmatrix}$$

3 連立1次方程式

数値解析を行うとき，多くの手法で連立１次方程式の計算を必要とする。つまり，連立１次方程式は数値解析の基本といってもよい手法である。連立１次方程式を解く方法には大きく分けて，**直接法**（direct method）と**間接法**（indirect method）の２種類がある。直接法は式の変形によって解く方法であり，**消去法**（elimination method）とも呼ばれている。また，間接法は反復計算によって解を収束させていく方法で，**反復法**（iterative method）とも呼ばれている。

3.1 ガウスの消去法

直接法のなかでよく知られている連立１次方程式の解法として，**ガウス**（Gauss）**の消去法**がある。この方法は，**前進消去**（forward elimination）（あるいは**前進差分**（forward difference））といわれる処理と**後退代入**（back substitution）といわれる処理に別けて行われる。いま，つぎの連立１次方程式について考えることにする。

$$
\begin{aligned}
a_{11}x_1 + a_{12}x_2 + \cdots + a_{1n}x_n &= b_1 \\
a_{21}x_1 + a_{22}x_2 + \cdots + a_{2n}x_n &= b_2 \\
&\vdots \\
a_{n1}x_1 + a_{n2}x_2 + \cdots + a_{nn}x_n &= b_n
\end{aligned}
\tag{3.1}
$$

3.1.1 基本アルゴリズム

式 (3.1) をつぎの形式の連立 1 次方程式に変換する処理のことを前進消去と呼んでいる。また，前進消去によって得られた式を下から順に x_i $(i = n, \cdots, 1)$ について解く処理を後退代入という。前進消去および後退代入の際に利用できる演算は，2 章で示した基本演算だけである。

$$\begin{aligned} a'_{11}x_1 + a'_{12}x_2 + \cdots + a'_{1n}x_n &= b'_1 \\ a'_{22}x_2 + \cdots + a'_{2n}x_n &= b'_2 \\ &\vdots \\ a'_{nn}x_n &= b'_n \end{aligned} \tag{3.2}$$

説明のため式 (3.1) をつぎのように行列表現する。

$$\begin{bmatrix} a_{11} & a_{12} & \cdots & a_{1n} \\ a_{21} & a_{22} & \cdots & a_{2n} \\ \vdots & \vdots & \ddots & \vdots \\ a_{n1} & a_{n2} & \cdots & a_{nn} \end{bmatrix} \begin{bmatrix} x_1 \\ x_2 \\ \vdots \\ x_n \end{bmatrix} = \begin{bmatrix} b_1 \\ b_2 \\ \vdots \\ b_n \end{bmatrix} \tag{3.3}$$

step 1: 前進差分では，式 (3.3) の各要素に対してつぎのような処理を行う。まず，左辺の係数行列の第 k 列の対角成分 a_{kk}（初期値は $k = 1$）に注目する。第 k 列の対角成分から下の行をすべて 0 にするために以下の式を用いる。ここでは計算効率を上げるために共通の係数 α を先に計算している。

$$\alpha = \frac{a_{ik}}{a_{kk}} \quad (i = k+1, \cdots, n) \tag{3.4}$$

$$a_{ij} = a_{ij} - \alpha a_{kj} \quad (j = k+1, \cdots, n) \tag{3.5}$$

$$b_i = b_i - \alpha b_k \quad (i = j+1, \cdots, n) \tag{3.6}$$

上記の計算を第 $n-1$ 列まで行うと左辺の係数行列は上三角行列となり，つぎのような式に変換されている。

$$\begin{bmatrix} a'_{11} & a'_{12} & \cdots & a'_{1n} \\ 0 & a'_{22} & \cdots & a'_{2n} \\ \vdots & \vdots & \ddots & \vdots \\ 0 & 0 & \cdots & a'_{nn} \end{bmatrix} \begin{bmatrix} x_1 \\ x_2 \\ \vdots \\ x_n \end{bmatrix} = \begin{bmatrix} b'_1 \\ b'_2 \\ \vdots \\ b'_n \end{bmatrix} \tag{3.7}$$

前進消去が終わった段階で得られた式について，対角成分は必ずしも1であるとは限らない。

step 2: 前進消去によって得られた式 (3.7) をもとにして，式を下から順に以下のように後退代入を行うことにより，解 x_n から x_1 が順次求まる。

$$x_n = \frac{b'_n}{a'_{nn}} \tag{3.8}$$

$$x_k = \frac{b'_k - \sum_{j=k+1}^{n} a'_{kj} x_j}{a'_{kk}} \quad (k = n-1, \cdots, 1) \tag{3.9}$$

例題 3.1　ガウスの消去法の基本アルゴリズムを用いてつぎの連立方程式の解を求めよ。

$$6x_1 + 5x_2 + 4x_3 = 8$$

$$12x_1 + 13x_2 + 10x_3 = 16$$

$$18x_1 + 21x_2 + 17x_3 = 27$$

【解答】　ガウスの消去法や逆行列の演算を手計算で行う際には，つぎに示すように左辺の係数行列と右辺のベクトル（あるいは行列）の値をひとまとめにして表現すると便利である。

$$\left[\begin{array}{ccc|c} 6 & 5 & 4 & 8 \\ 12 & 13 & 10 & 16 \\ 18 & 21 & 17 & 27 \end{array}\right] \tag{3.10}$$

2 行目 $-$ 1 行目 $\times$ 2 $\rightarrow$ 2 行目，3 行目 $-$ 1 行目 $\times$ 3 $\rightarrow$ 6 行目 を行う。

$$\left[\begin{array}{ccc|c} 6 & 5 & 4 & 8 \\ 0 & 3 & 2 & 0 \\ 0 & 6 & 5 & 3 \end{array}\right] \tag{3.11}$$

3 行目 − 2 行目 × 2 → 3 行目 を行う。

$$\left[\begin{array}{ccc|c} 6 & 5 & 4 & 8 \\ 0 & 3 & 2 & 0 \\ 0 & 0 & 1 & 3 \end{array}\right] \tag{3.12}$$

前進消去によって得られた式をもとに，後退代入を行う。

$$x_3 = 3$$
$$x_2 = \frac{0 - 2 \cdot 3}{3} = -2$$
$$x_1 = \frac{8 - 5 \cdot (-2) - 4 \cdot 3}{6} = 1$$

このようにして解 $x_1 = 1,\ x_2 = -2,\ x_3 = 3$ が得られる。 ◇

3.1.2 部分ピボット選択付きガウスの消去法

2 章で示したピボット選択をガウスの消去法に適用する方法がある。この方法を部分ピボット選択付きガウスの消去法と呼んでいる。つぎに部分ピボット付きガウスの消去法のアルゴリズムを示す。このアルゴリズムにも前進消去および後退代入といった処理が含まれるが，利用できる演算は 2 章で示した基本演算とピボット選択だけである。

step 1: 前進消去の際にピボット選択を行う。まず式 (3.3) の k 行 k 列（初期値は $k = 1$）に注目する。k 列の k 行目以降で最も絶対値の大きな要素を探す。もし絶対値の最大値が l 行目の要素だった場合には，方程式の両辺について k 行目と l 行目の要素をすべて入れ替える。式 (3.3) の各要素に対してつぎの演算を行う。

step 2: ここからはガウスの消去法の基本アルゴリズムになる。第 k 列（初期値は $k = 1$）の対角成分より下の要素がすべて 0 になるように計算を行う。

$$\alpha = \frac{a_{ik}}{a_{kk}} \quad (i = k + 1, \cdots, n)$$

$$a_{ij} = a_{ij} - \alpha a_{kj} \quad (j = k + 1, \cdots, n)$$

$$b_i = b_i - \alpha b_k \quad (i = j + 1, \cdots, n)$$

step 1 と step 2 の計算を第 $n - 1$ 列まで繰り返す。第 $n - 1$ 列までの計算が終了すると左辺の係数行列は上三角行列になっている。

step 3:　ここからは後退代入処理となる。この部分についても基本アルゴリズムと同じである。前進消去によって得られた式 (3.7) を下から順に，以下の式を用いて処理を行うことにより，解 x_n から x_1 が順次求まる。

$$x_n = \frac{b'_n}{a'_{nn}}$$

$$x_k = \frac{b'_k - \displaystyle\sum_{j=k+1}^{n} a'_{kj} x_j}{a'_{kk}} \quad (k = n-1, \cdots, 1)$$

例題 3.2　部分ピボット選択付きガウスの消去法を用いてつぎの連立方程式の解を求めよ。

$$6x_1 + 5x_2 + 4x_3 = 8$$

$$12x_1 + 13x_2 + 10x_3 = 16$$

$$18x_1 + 21x_2 + 17x_3 = 27$$

【解答】　ピボット選択付きガウスの消去法でも前進消去と後退代入をするための数式を用いれば計算を行うことができるので，特に行列演算にこだわる必要はないが，あとで説明する LU 分解への拡張を考えて，ここでは行列演算を基本とした説明をする。

$$\begin{bmatrix} 6 & 5 & 4 \\ 12 & 13 & 10 \\ 18 & 21 & 17 \end{bmatrix} \begin{bmatrix} x_1 \\ x_2 \\ x_3 \end{bmatrix} = \begin{bmatrix} 8 \\ 16 \\ 27 \end{bmatrix} \tag{3.13}$$

ピボット選択により1行目と3行目の入替えを行う。1行目と3行目の入替えを行うための置換行列 $\boldsymbol{P}_1$ はつぎのようになる。

$$\boldsymbol{P}_1 = \begin{bmatrix} 0 & 0 & 1 \\ 0 & 1 & 0 \\ 1 & 0 & 0 \end{bmatrix} \tag{3.14}$$

置換行列を用いて入替えを表現するとつぎのようになる。

$$\boldsymbol{P}_1 \begin{bmatrix} 6 & 5 & 4 \\ 12 & 13 & 10 \\ 18 & 21 & 17 \end{bmatrix} \begin{bmatrix} x_1 \\ x_2 \\ x_3 \end{bmatrix} = \boldsymbol{P}_1 \begin{bmatrix} 8 \\ 16 \\ 27 \end{bmatrix} \tag{3.15}$$

入れ替えたあとで，2 行目 − 1 行目 × (12/18) → 2 行目，3 行目 − 1 行目 × (6/18) → 3 行目 とする。この変換行列を $\boldsymbol{G}_1$ とするとつぎのように表すことができる。

$$\boldsymbol{G}_1 = \begin{bmatrix} 1 & 0 & 0 \\ -\dfrac{12}{18} & 1 & 0 \\ -\dfrac{6}{18} & 0 & 1 \end{bmatrix} \tag{3.16}$$

これを用いてつぎのように表現することができる。

$$\boldsymbol{G}_1\boldsymbol{P}_1 \begin{bmatrix} 6 & 5 & 4 \\ 12 & 13 & 10 \\ 18 & 21 & 17 \end{bmatrix} \begin{bmatrix} x_1 \\ x_2 \\ x_3 \end{bmatrix} = \boldsymbol{G}_1\boldsymbol{P}_1 \begin{bmatrix} 8 \\ 16 \\ 27 \end{bmatrix} \tag{3.17}$$

ここまでを計算した結果はつぎのようになる。

$$\begin{bmatrix} 18 & 21 & 17 \\ 0 & -1 & -\dfrac{4}{3} \\ 0 & -2 & -\dfrac{5}{3} \end{bmatrix} \begin{bmatrix} x_1 \\ x_2 \\ x_3 \end{bmatrix} = \begin{bmatrix} 27 \\ -2 \\ -1 \end{bmatrix} \tag{3.18}$$

つぎに，ピボット選択により 2 行目と 3 行目の入れ替えを行う。2 行目と 3 行目の入れ替えを行うための置換行列 $\boldsymbol{P}_2$ はつぎのようになる。

$$\boldsymbol{P}_2 = \begin{bmatrix} 1 & 0 & 0 \\ 0 & 0 & 1 \\ 0 & 1 & 0 \end{bmatrix} \tag{3.19}$$

置換行列を用いて入替えを表現するとつぎのようになる。

$$\boldsymbol{P}_2 \begin{bmatrix} 18 & 21 & 17 \\ 0 & -1 & -\dfrac{4}{3} \\ 0 & -2 & -\dfrac{5}{3} \end{bmatrix} \begin{bmatrix} x_1 \\ x_2 \\ x_3 \end{bmatrix} = \boldsymbol{P}_2 \begin{bmatrix} 27 \\ -2 \\ -1 \end{bmatrix} \tag{3.20}$$

入れ替えたあとで，3 行目 − 2 行目 × (1/2) → 3 行目 を行う。この変換行列を $\boldsymbol{G}_2$ とするとつぎのように表すことができる。

$$\boldsymbol{G}_2 = \begin{bmatrix} 1 & 0 & 0 \\ 0 & 1 & 0 \\ 0 & -\dfrac{1}{2} & 1 \end{bmatrix} \tag{3.21}$$

これを用いてつぎのように表現することができる。

$$\boldsymbol{G}_2\boldsymbol{P}_2\begin{bmatrix} 18 & 21 & 17 \\ 0 & -1 & -\frac{4}{3} \\ 0 & -2 & -\frac{5}{3} \end{bmatrix}\begin{bmatrix} x_1 \\ x_2 \\ x_3 \end{bmatrix} = \boldsymbol{G}_2\boldsymbol{P}_2\begin{bmatrix} 27 \\ -2 \\ -1 \end{bmatrix} \tag{3.22}$$

ここまでを計算した結果はつぎのようになる。

$$\begin{bmatrix} 18 & 21 & 17 \\ 0 & -2 & -\frac{5}{3} \\ 0 & 0 & -\frac{1}{2} \end{bmatrix}\begin{bmatrix} x_1 \\ x_2 \\ x_3 \end{bmatrix} = \begin{bmatrix} 27 \\ -1 \\ -\frac{3}{2} \end{bmatrix} \tag{3.23}$$

前進消去によって得られた式をもとに，後退代入を行う。

$$x_3 = \frac{-\frac{3}{2}}{-\frac{1}{2}} = 3$$

$$x_2 = \frac{-1 + \frac{5}{3}\cdot 3}{-2} = -2$$

$$x_1 = \frac{27 - 21\cdot(-2) - 17\cdot 3}{18} = 1$$

このようにして解 $x_1 = 1$, $x_2 = -2$, $x_3 = 3$ が得られる。　◇

一般的な連立1次方程式であれば，ピボット選択付きガウスの消去法を利用すればよい。特殊な場合としては，係数行列が**対称行列**（symmetric matrix），**大次元行列**，**スパース行列**（要素に0が多い行列）などの場合には，それぞれ特有の手法が考えられている。

ガウスの消去法の前進消去を応用して，前進消去終了後の左辺の係数行列が**単位行列**（identity matrix）になるように変換することもできる。この場合には，後退代入を行うことなしに解を求めることができる。この手法のことを**掃出し法**（**ガウス・ジョルダンの消去法**）という。逆行列を求めるときのアルゴリズムはこの手法を利用したものである。

3.1.3 逆行列の計算

それでは掃出し法を用いて逆行列を求める手法について説明することにする。次式の行列 $\boldsymbol{A}$ と右辺行列に対して基本演算とピボット演算を行っても行列 $\boldsymbol{X}$ の要素の値はまったく変化しない。

$$\begin{bmatrix} a_{11} & a_{12} & \cdots & a_{1n} \\ a_{21} & a_{22} & \cdots & a_{2n} \\ \vdots & \vdots & \ddots & \vdots \\ a_{n1} & a_{n2} & \cdots & a_{nn} \end{bmatrix} \boldsymbol{X} = \begin{bmatrix} 1 & 0 & \cdots & 0 \\ 0 & 1 & \cdots & 0 \\ \vdots & \vdots & \ddots & \vdots \\ 0 & 0 & \cdots & 1 \end{bmatrix} \tag{3.24}$$

基本演算とピボット演算だけを利用してつぎのような式に変換したとき，右辺に作られた行列 $\boldsymbol{B} = [b_{ij}]$ は，行列 $\boldsymbol{A} = [a_{ij}]$ の逆行列となる。

$$\begin{bmatrix} 1 & 0 & \cdots & 0 \\ 0 & 1 & \cdots & 0 \\ \vdots & \vdots & \ddots & \vdots \\ 0 & 0 & \cdots & 1 \end{bmatrix} \boldsymbol{X} = \begin{bmatrix} b_{11} & b_{12} & \cdots & b_{1n} \\ b_{21} & b_{22} & \cdots & b_{2n} \\ \vdots & \vdots & \ddots & \vdots \\ b_{n1} & b_{n2} & \cdots & b_{nn} \end{bmatrix} \tag{3.25}$$

$$\boldsymbol{A}^{-1} = \begin{bmatrix} b_{11} & b_{12} & \cdots & b_{1n} \\ b_{21} & b_{22} & \cdots & b_{2n} \\ \vdots & \vdots & \ddots & \vdots \\ b_{n1} & b_{n2} & \cdots & b_{nn} \end{bmatrix} \tag{3.26}$$

ここで，左辺の係数行列を単位行列に変換する際には各列に対して次式を用いる。いま第 k 行の対角成分 a_{kk} に注目しているものとする。行列 $\boldsymbol{B}$ の初期値は単位行列とする。

$$\alpha = \frac{a_{ik}}{a_{kk}} \quad (i = 1, \cdots, n,\ j \neq k)$$

$$a_{ij} = a_{ij} - \alpha a_{kj} \quad (j = k+1, \cdots, n)$$

$$b_{ij} = b_{ij} - \alpha b_{kj} \quad (j = 1, \cdots, n)$$

$$a_{kk} = 1 \quad (k = 1, \cdots, n)$$

次式において左辺と右辺は中央の分離線によって分けられている。

$$\left[\begin{array}{cccc|cccc} a_{11} & a_{12} & \cdots & a_{1n} & 1 & 0 & \cdots & 0 \\ a_{21} & a_{22} & \cdots & a_{2n} & 0 & 1 & \cdots & 0 \\ \vdots & \vdots & \ddots & \vdots & \vdots & \vdots & \ddots & \vdots \\ a_{n1} & a_{n2} & \cdots & a_{nn} & 0 & 0 & \cdots & 1 \end{array}\right] \tag{3.27}$$

最終的な目標としては，つぎのように単位行列が左半分に移るようにする。

$$\left[\begin{array}{cccc|cccc} 1 & 0 & \cdots & 0 & b_{11} & b_{12} & \cdots & b_{1n} \\ 0 & 1 & \cdots & 0 & b_{21} & b_{22} & \cdots & b_{2n} \\ \vdots & \vdots & \ddots & \vdots & \vdots & \vdots & \ddots & \vdots \\ 0 & 0 & \cdots & 1 & b_{n1} & b_{n2} & \cdots & b_{nn} \end{array}\right] \tag{3.28}$$

ここで気をつけなければならないのは，**正則行列**（nonsingular matrix）でなければ逆行列を求めることができないということである。上述の変換を行ったとき，式 (3.28) の左半分の対角成分の 1 の数が行列 $\boldsymbol{A}$ の階数に相当している。$n \times n$ の正則行列の場合には階数（対角成分の 1 の数）が n となるが，特異行列（正則でない行列）について上記の演算を行った場合には，左半分が単位行列ではなく対角成分にいくつか 0 が含まれ，階数は n よりも小さな値となる。この手法は階数を計算する場合にも利用することができる。

例題 3.3　つぎの行列 $\boldsymbol{A}$ の逆行列を求めよ。

$$\boldsymbol{A} = \begin{bmatrix} 2 & 4 & 6 \\ 2 & 4 & 8 \\ 1 & 3 & 5 \end{bmatrix}$$

【解答】　逆行列を求めると以下のようになる。まず，両辺の係数行列の部分だけを取り出して記述する。

$$\left[\begin{array}{ccc|ccc} 2 & 4 & 6 & 1 & 0 & 0 \\ 2 & 4 & 8 & 0 & 1 & 0 \\ 1 & 3 & 5 & 0 & 0 & 1 \end{array}\right] \tag{3.29}$$

1 行目 $\times (1/2) \rightarrow$ 1 行目 としたあとで 2 行目 $-$ 1 行目 $\times 2 \rightarrow$ 2 行目，3 行目 $-$ 1 行目 $\rightarrow$ 3 行目 という演算を行う。

$$\left[\begin{array}{ccc|ccc} 1 & 2 & 3 & \frac{1}{2} & 0 & 0 \\ 0 & 0 & 2 & -1 & 1 & 0 \\ 0 & 1 & 2 & -\frac{1}{2} & 0 & 1 \end{array}\right] \tag{3.30}$$

2 行目と 3 行目と入れ替える。

$$\left[\begin{array}{ccc|ccc} 1 & 2 & 3 & \frac{1}{2} & 0 & 0 \\ 0 & 1 & 2 & -\frac{1}{2} & 0 & 1 \\ 0 & 0 & 2 & -1 & 1 & 0 \end{array}\right] \tag{3.31}$$

1 行目 $-$ 2 行目 $\times 2 \rightarrow$ 1 行目。この例では，3 行目についてはすでに 0 になっている。

$$\left[\begin{array}{ccc|ccc} 1 & 0 & -1 & \frac{3}{2} & 0 & -2 \\ 0 & 1 & 2 & -\frac{1}{2} & 0 & 1 \\ 0 & 0 & 2 & -1 & 1 & 0 \end{array}\right] \tag{3.32}$$

3 行目 $\times (1/2) \rightarrow$ 3 行目 としたあとで 1 行目 $+$3 行目 $\rightarrow$ 1 行目，2 行目 $-$3 行目 $\times 2 \rightarrow$ 2 行目 という演算を行う。

$$\left[\begin{array}{ccc|ccc} 1 & 0 & 0 & 1 & \frac{1}{2} & -2 \\ 0 & 1 & 0 & \frac{1}{2} & -1 & 1 \\ 0 & 0 & 1 & -\frac{1}{2} & \frac{1}{2} & 0 \end{array}\right] \tag{3.33}$$

逆行列はつぎのようになる。

$$\begin{bmatrix} 2 & 4 & 6 \\ 2 & 4 & 8 \\ 1 & 3 & 5 \end{bmatrix}^{-1} = \begin{bmatrix} 1 & \frac{1}{2} & -2 \\ \frac{1}{2} & -1 & 1 \\ -\frac{1}{2} & \frac{1}{2} & 0 \end{bmatrix}$$

◇

3.2 LU分解を用いる方法

2章でクラウト法によるLU分解を示した。クラウト法はわかりやすいアルゴリズムを用いているが，ピボット選択を適用できないという欠点がある。ピボット選択を行わなくても解ける連立1次方程式の数のほうが圧倒的に多いのは事実であるが，工学系の問題ではピボット選択が必要となる場合が多い。ここでは，ピボット選択付きガウスの消去法に基づいたLU分解法とそれを用いた連立1次方程式の解法について示す。また，先に示したクラウト法を用いた場合の連立1次方程式の解法についても示す。

3.2.1 ガウスの消去法に基づくLU分解

ここでは，部分ピボット選択付きガウスの消去法に基づくLU分解法とLU分解法を用いた連立1次方程式の解法について説明する。*3.1.2*項で記述したように，置換行列 $\boldsymbol{P}_i$ $(i=1,\cdots,n-1)$ と変換行列 $\boldsymbol{G}_i$ $(i=1,\cdots,n-1)$ を用いると，ガウスの消去法の前進消去の過程はつぎのように表すことができる。

$$\boldsymbol{G}_{n-1}\boldsymbol{P}_{n-1}\cdots\boldsymbol{G}_1\boldsymbol{P}_1\boldsymbol{A}\boldsymbol{x}=\boldsymbol{G}_{n-1}\boldsymbol{P}_{n-1}\cdots\boldsymbol{G}_1\boldsymbol{P}_1\boldsymbol{b} \tag{3.34}$$

式(3.34)について $\boldsymbol{P}_i\boldsymbol{P}_i^{-1}$ $(=\boldsymbol{I})$ を $\boldsymbol{P}_{i-1}$ の左に挿入して漸化式形式で表現するとつぎのようになる。

$$\boldsymbol{A}_{n-1}\boldsymbol{x}=\boldsymbol{G}_{n-1}\boldsymbol{H}_{n-2}\boldsymbol{P}\boldsymbol{b} \tag{3.35}$$

ただし

$$\boldsymbol{A}_0=\boldsymbol{A}$$

$$\boldsymbol{A}_i=\boldsymbol{G}_i\boldsymbol{P}_i\boldsymbol{A}_{i-1}\quad(i=1,\cdots,n-1)$$

$$\boldsymbol{H}_0=\boldsymbol{I}$$

$$\boldsymbol{H}_{i-1}=\boldsymbol{P}_i\boldsymbol{G}_{i-1}\boldsymbol{H}_{i-2}\boldsymbol{P}_i^{-1}\quad(i=2,\cdots,n-2)$$

$$\boldsymbol{P}=\prod_{k=1}^{n-1}\boldsymbol{P}_{n-k}$$

とする。左辺の係数行列 $\boldsymbol{A}_{n-1}$ を計算した結果は上三角行列 $\boldsymbol{U}$ となり式 (3.35) は次式のようになる。

$$\boldsymbol{U}\boldsymbol{x} = \boldsymbol{G}_{n-1}\boldsymbol{H}_{n-2}\boldsymbol{P}\boldsymbol{b} \tag{3.36}$$

これより次式を得る。

$$(\boldsymbol{G}_{n-1}\boldsymbol{H}_{n-2}\boldsymbol{P})^{-1}\boldsymbol{U}\boldsymbol{x} = \boldsymbol{b}$$

$$\boldsymbol{P}^{-1}(\boldsymbol{G}_{n-1}\boldsymbol{H}_{n-2})^{-1}\boldsymbol{U}\boldsymbol{x} = \boldsymbol{b} \tag{3.37}$$

上式左辺の $(\boldsymbol{G}_{n-1}\boldsymbol{H}_{n-2})^{-1}$ は下三角行列 $\boldsymbol{L}$ となる。数値計算用ソフトウェアとしてよく知られている **MATLAB** には LU 分解のための関数があり，関数を実行した結果として上記のような下三角行列 $\boldsymbol{L}$，上三角行列 $\boldsymbol{U}$，置換行列 $\boldsymbol{P}$ が計算される。

式 (3.37) をもとの連立 1 次方程式 $\boldsymbol{A}\boldsymbol{x} = \boldsymbol{b}$ と対応させると LU 分解が行われていることがわかる。

$$\boldsymbol{A}\boldsymbol{x} = \boldsymbol{P}^{-1}\boldsymbol{L}\boldsymbol{U}\boldsymbol{x} = \boldsymbol{b} \tag{3.38}$$

ここまでで LU 分解は終了し，つぎに LU 分解の結果を利用して連立 1 次方程式を解く手法について説明する。式 (3.38) はつぎのように変換することができる。

$$\boldsymbol{L}\boldsymbol{U}\boldsymbol{x} = \boldsymbol{P}\boldsymbol{b} \tag{3.39}$$

ここで $\boldsymbol{U}\boldsymbol{x} = \boldsymbol{y}$ とおくとつぎのようになる。

$$\boldsymbol{L}\boldsymbol{y} = \boldsymbol{P}\boldsymbol{b}$$

下三角行列の要素を $\boldsymbol{L} = [l_{ij}]$，上三角行列の要素を $\boldsymbol{U} = [u_{ij}]$ とするとき，この連立 1 次方程式の解 y は，前進代入を用いて解くことができる。

$$y_1 = \frac{b_1}{l_{11}} \tag{3.40}$$

$$y_i = \frac{b_i - \displaystyle\sum_{j=1}^{i} l_{ij}y_j}{l_{ii}} \quad (i = 2, \cdots, n) \tag{3.41}$$

つぎに連立1次方程式

$$\boldsymbol{Ux} = \boldsymbol{y}$$

を解くことによって，与えられた連立1次方程式の解を得ることができる。この場合の後退代入はつぎのようになる。

$$x_n = \frac{y_n}{u_{nn}} \tag{3.42}$$

$$x_i = \frac{y_i - \displaystyle\sum_{j=i+1}^{n} u_{ij}x_j}{u_{ii}} \quad (i = n-1, \cdots, 1) \tag{3.43}$$

ここで部分ピボット選択付きガウスの消去法に基づくLU分解アルゴリズムをまとめるとつぎのようになる。

step 1: 置換行列 $\boldsymbol{P}_1$ および変換行列 $\boldsymbol{G}_1$ を求める。行の入替えが必要ないときには置換行列 $\boldsymbol{P}_1 = \boldsymbol{I}$（単位行列）となる。つぎに左辺の係数行列 $\boldsymbol{A}_1 = \boldsymbol{G}_1\boldsymbol{P}_1\boldsymbol{A}$ を求める。

step 2: $2 \leqq i$ について置換行列 $\boldsymbol{P}_i$ および変換行列 $\boldsymbol{G}_i$ を求める。行の入替えが必要ないときには置換行列 $\boldsymbol{P}_i = \boldsymbol{I}$（単位行列）となる。つぎに左辺の係数行列 $\boldsymbol{A}_i = \boldsymbol{G}_i\boldsymbol{P}_i\boldsymbol{A}_{i-1}$ を求める。また $\boldsymbol{H}_{i-1} = \boldsymbol{P}_i\boldsymbol{G}_{i-1}\boldsymbol{H}_{i-2}\boldsymbol{P}_i^{-1}$ を計算する。ここで，$\boldsymbol{H}_0 = \boldsymbol{I}$ する。

step 3: step 2 の計算を $i = n-1$ まで繰り返す。$i = n-1$ となったとき，左辺の係数 $\boldsymbol{G}_{n-1}\boldsymbol{P}_{n-1}\boldsymbol{A}_{n-2}$ が上三角行列 $\boldsymbol{U}$ となっている。

step 4: step 3 までに得られた $\boldsymbol{G}_{n-1}$ と $\boldsymbol{H}_{n-2}$ を用いて，下三角行列 $\boldsymbol{L}$ を求める。

$$\boldsymbol{L} = (\boldsymbol{G}_{n-1}\boldsymbol{H}_{n-2})^{-1}$$

step 5: LU分解された式 $\boldsymbol{LUx} = \boldsymbol{Pb}$ について $\boldsymbol{Ux} = \boldsymbol{y}$ とおいて $\boldsymbol{Ly} = \boldsymbol{Pb}$ のように変換し，未知数 $\boldsymbol{y}$ を前進代入式を用いて計算する。

step 6: $\boldsymbol{Ux} = \boldsymbol{y}$ から後退代入式により未知数 $\boldsymbol{x}$ を計算する。得られた値が解となっている。

また，ピボット選択を行わない（基本）ガウスの消去法を用いたLU分解も考えることができる。その場合には，いま説明したアルゴリズムの置換行列 $\boldsymbol{P}_i$ がすべて単位行列 $\boldsymbol{I}$ であると考えればよい。

例題 3.4 つぎの連立方程式を行列表現し，部分ピボット選択付きガウスの消去法に基づき LU 分解せよ。また，LU 分解した結果をもとに連立 1 次方程式の解を求めよ。

$$6x_1 + 5x_2 + 4x_3 = 8$$

$$12x_1 + 13x_2 + 10x_3 = 16$$

$$18x_1 + 21x_2 + 17x_3 = 27$$

【解答】 与えられた連立方程式を行列表示する。

$$\begin{bmatrix} 6 & 5 & 4 \\ 12 & 13 & 10 \\ 18 & 21 & 17 \end{bmatrix} \begin{bmatrix} x_1 \\ x_2 \\ x_3 \end{bmatrix} = \begin{bmatrix} 8 \\ 16 \\ 27 \end{bmatrix}$$

上式はつぎのように表すことができる。

$$\boldsymbol{Ax} = \boldsymbol{b}$$

ピボット選択により 1 行目と 3 行目の入替えを行う。1 行目と 3 行目の入替えを行うための置換行列 $\boldsymbol{P}_1$ はつぎのようになる。

$$\boldsymbol{P}_1 = \begin{bmatrix} 0 & 0 & 1 \\ 0 & 1 & 0 \\ 1 & 0 & 0 \end{bmatrix}$$

行を入れ替えたあとで，2 行目 − 1 行目 × (12/18) → 2 行目，3 行目 − 1 行目 × (6/18) → 3 行目 とする。この変換行列を $\boldsymbol{G}_1$ とするとつぎのように表すことができる。

$$\boldsymbol{G}_1 = \begin{bmatrix} 1 & 0 & 0 \\ -\dfrac{12}{18} & 1 & 0 \\ -\dfrac{6}{18} & 0 & 1 \end{bmatrix}$$

ここまでの演算は，$\boldsymbol{P}_1$ と $\boldsymbol{G}_1$ を用いてつぎのように表現することができる。

$$\boldsymbol{G}_1\boldsymbol{P}_1\boldsymbol{Ax} = \boldsymbol{G}_1\boldsymbol{P}_1\boldsymbol{b}$$

また，上式の $\boldsymbol{A}_1 = \boldsymbol{G}_1\boldsymbol{P}_1\boldsymbol{A}$ を計算した結果はつぎのようになる。

$$\begin{bmatrix} 18 & 21 & 17 \\ 0 & -1 & -\dfrac{4}{3} \\ 0 & -2 & -\dfrac{5}{3} \end{bmatrix} \begin{bmatrix} x_1 \\ x_2 \\ x_3 \end{bmatrix} = \boldsymbol{G}_1 \boldsymbol{P}_1 \begin{bmatrix} 8 \\ 16 \\ 27 \end{bmatrix}$$

つぎにピボット選択により2行目と3行目の入替えを行う。2行目と3行目の入替えを行うための置換行列 $\boldsymbol{P}_2$ はつぎのようになる。

$$\boldsymbol{P}_2 = \begin{bmatrix} 1 & 0 & 0 \\ 0 & 0 & 1 \\ 0 & 1 & 0 \end{bmatrix}$$

行を入れ替えたあとで，3行目 $-$ 2行目 $\times$ (1/2) $\rightarrow$ 3行目 を行う。この変換行列を $\boldsymbol{G}_2$ とするとつぎのように表すことができる。

$$\boldsymbol{G}_2 = \begin{bmatrix} 1 & 0 & 0 \\ 0 & 1 & 0 \\ 0 & -\dfrac{1}{2} & 1 \end{bmatrix}$$

これを用いてつぎのように表現することができる。

$$\boldsymbol{G}_2 \boldsymbol{P}_2 \begin{bmatrix} 18 & 21 & 17 \\ 0 & -1 & -\dfrac{4}{3} \\ 0 & -2 & -\dfrac{5}{3} \end{bmatrix} \begin{bmatrix} x_1 \\ x_2 \\ x_3 \end{bmatrix} = \boldsymbol{G}_2 \boldsymbol{P}_2 \boldsymbol{G}_1 \boldsymbol{P}_1 \begin{bmatrix} 8 \\ 16 \\ 27 \end{bmatrix}$$

$\boldsymbol{A}_2 = \boldsymbol{G}_2 \boldsymbol{P}_2 \boldsymbol{A}_1$ を計算した結果はつぎのようになる。

$$\begin{bmatrix} 18 & 21 & 17 \\ 0 & -2 & -\dfrac{5}{3} \\ 0 & 0 & -\dfrac{1}{2} \end{bmatrix} \begin{bmatrix} x_1 \\ x_2 \\ x_3 \end{bmatrix} = \boldsymbol{G}_2 \boldsymbol{P}_2 \boldsymbol{G}_1 \boldsymbol{P}_1 \begin{bmatrix} 8 \\ 16 \\ 27 \end{bmatrix}$$

上式左辺の係数行列 $\boldsymbol{A}_2$ は上三角行列 $\boldsymbol{U}$ になっている。つぎに $\boldsymbol{G}_2 \boldsymbol{P}_2 \boldsymbol{G}_1 \boldsymbol{P}_1 = (\boldsymbol{G}_2 \boldsymbol{P}_2 \boldsymbol{G}_1 \boldsymbol{P}_2^{-1}) \boldsymbol{P}_2 \boldsymbol{P}_1 = \boldsymbol{L}^{-1} \boldsymbol{P}$ より下三角行列 $\boldsymbol{L}$ を求める。

$$\boldsymbol{L} = \left(\boldsymbol{G}_2 \boldsymbol{P}_2 \boldsymbol{G}_1 \boldsymbol{P}_2^{-1} \right)^{-1} = \begin{bmatrix} 1 & 0 & 0 \\ \dfrac{1}{3} & 1 & 0 \\ \dfrac{2}{3} & \dfrac{1}{2} & 1 \end{bmatrix}$$

置換行列の積 $\boldsymbol{P} = \boldsymbol{P}_2 \boldsymbol{P}_1$ はつぎのようになる。

$$\boldsymbol{P} = \boldsymbol{P}_2 \boldsymbol{P}_1 = \begin{bmatrix} 0 & 0 & 1 \\ 1 & 0 & 0 \\ 0 & 1 & 0 \end{bmatrix}$$

まず，$\boldsymbol{Ux} = \boldsymbol{y}$ とおいて $\boldsymbol{y}$ を求める。$\boldsymbol{Ly} = \boldsymbol{Pb}$ より，$\boldsymbol{y}$ は前進代入を用いてつぎのように計算される。

$$
\begin{aligned}
y_1 &= 27 \\
y_2 &= 8 - \frac{1}{3} \cdot 27 = -1 \\
y_3 &= 16 - \frac{2}{3} \cdot 27 - \frac{1}{2} \cdot (-1) = -\frac{3}{2}
\end{aligned}
$$

最後に $\boldsymbol{Ux} = \boldsymbol{y}$ より，後退代入式を用いてつぎのように計算される。

$$
\begin{aligned}
x_3 &= \frac{-\dfrac{3}{2}}{-\dfrac{1}{2}} = 3 \\
x_2 &= \frac{-1 + \dfrac{5}{3} \cdot 3}{-2} = -2 \\
x_1 &= \frac{27 - 21 \cdot (-2) - 17 \cdot 3}{18} = 1
\end{aligned}
$$

このようにして解 $x_1 = 1$，$x_2 = -2$，$x_3 = 3$ が得られる。 ◇

連立 1 次方程式を 1 回解くだけであれば，ガウスの消去法を利用したほうがよい場合が多いが，解くべき問題によっては同じ係数行列で定数項の値だけを変えて連立 1 次方程式を繰り返して計算しなければならない場合がある。そのような場合には，LU 分解法を用いるのが一般的となっている。

3.2.2 クラウト法による解法

つぎの連立 1 次方程式を考える。

$$\boldsymbol{Ax} = \boldsymbol{b}$$

係数行列 $\boldsymbol{A}$ を下三角行列 $\boldsymbol{L}$ および上三角行列 $\boldsymbol{U}$ を用いて三角分解すると連立 1 次方程式はつぎのようになる。

$$\boldsymbol{Ax} = \boldsymbol{LUx} = \boldsymbol{b}$$

LU 分解した結果は，(基本) ガウスの消去法に基づく LU 分解法の場合とまったく同じ式となる。クラウト法の場合も「ピボット選択付きガウスの消去法に基づく LU 分解」アルゴリズムの置換行列 $\boldsymbol{P}_i$ をすべて単位行列 $\boldsymbol{I}$ として，前進代入および後退代入を計算すればよい。

例題 3.5 クラウト法を用いてつぎの連立1次方程式の解を求めよ。

$$\begin{bmatrix} 6 & 5 & 4 \\ 12 & 13 & 10 \\ 18 & 21 & 17 \end{bmatrix} \begin{bmatrix} x_1 \\ x_2 \\ x_3 \end{bmatrix} = \begin{bmatrix} 8 \\ 16 \\ 27 \end{bmatrix}$$

【解答】 クラウト法により連立1次方程式の係数行列をLU分解するとつぎのようになる。

$$\begin{bmatrix} 6 & 5 & 4 \\ 12 & 13 & 10 \\ 18 & 21 & 17 \end{bmatrix} = \begin{bmatrix} 1 & 0 & 0 \\ 2 & 1 & 0 \\ 3 & 2 & 1 \end{bmatrix} \begin{bmatrix} 6 & 5 & 4 \\ 0 & 3 & 2 \\ 0 & 0 & 1 \end{bmatrix}$$

$\boldsymbol{Ux} = \boldsymbol{y}$ とおくとつぎの式を得る。

$$\begin{bmatrix} 1 & 0 & 0 \\ 2 & 1 & 0 \\ 3 & 2 & 1 \end{bmatrix} \begin{bmatrix} y_1 \\ y_2 \\ y_3 \end{bmatrix} = \begin{bmatrix} 8 \\ 16 \\ 27 \end{bmatrix}$$

上式よりつぎの解を得る。

$$y_1 = 8$$

$$y_2 = 16 - 2 \cdot 8 = 0$$

$$y_3 = 27 - 3 \cdot 8 - 2 \cdot 0 = 3$$

y の値をもとにしてつぎの式を解く。

$$\begin{bmatrix} 6 & 5 & 4 \\ 0 & 3 & 2 \\ 0 & 0 & 1 \end{bmatrix} \begin{bmatrix} x_1 \\ x_2 \\ x_3 \end{bmatrix} = \begin{bmatrix} 8 \\ 0 \\ 3 \end{bmatrix}$$

$$x_3 = 3$$

$$x_2 = \frac{0 - 2 \cdot 3}{3} = -2$$

$$x_1 = \frac{8 - 4 \cdot 3 - 5 \cdot (-2)}{6} = 1$$

このようにして解 $x_1 = 1$，$x_2 = -2$，$x_3 = 3$ を得る。 ◇

3.3 ガウス・ザイデル法

間接法の中でよく知られている方法として**ガウス・ザイデル**（Gauss-Seidel）法がある。まず，つぎのような連立 1 次方程式を考える。式の変数 x_i の右上の添え字 (k) は k 回目の更新結果であることを示している。

$$
\begin{array}{lcl}
a_{11}x_1^{(k)} + a_{12}x_2^{(k-1)} + \cdots + a_{1n}x_n^{(k-1)} & = & b_1 \\
a_{21}x_1^{(k)} + a_{22}x_2^{(k)} + \cdots + a_{2n}x_n^{(k-1)} & = & b_2 \\
\vdots & & \vdots \\
a_{n1}x_1^{(k)} + a_{n2}x_2^{(k)} + \cdots + a_{nn}x_n^{(k)} & = & b_n
\end{array}
\tag{3.44}
$$

step 1: ガウス・ザイデル法では未知数に対して適当な初期値 $\boldsymbol{x}_i^{(0)}$ $(i = 1, \cdots, n)$ を与える。初期値の与え方によって**収束**（convergence）の仕方が変わってくるが，初期値については試行錯誤によって決定することになる。

step 2: 与えられた初期値をもとにして，つぎの反復式を用いて解 $x_i^{(k)}$ $(i = 1, \cdots, n)$ の値を更新していく。未知数 x_i を計算する際には，式 (3.44) の第 i 番目の式を x_i について解いたものを用いている。

$$
x_i^{(k)} = \frac{b_i - \displaystyle\sum_{j=1}^{i-1} a_{ij}x_j^{(k)} - \sum_{j=i+1}^{n} a_{ij}x_j^{(k-1)}}{a_{ii}^{(k)}}
\tag{3.45}
$$

step 3: つぎに示す収束判定を行い，条件を満たした場合に計算を終了する。条件を満たさない場合には step 2 を繰り返す。収束判定条件にもいろいろなものがあるがここではその一例を示すにとどめる。

収束判定条件

反復法の計算をどの時点で終了するかは重要な問題である。一般的にはつぎのような収束判定を行う。収束判定定数 δ はあらかじめ設定しておく微小量で，変化量 $|\boldsymbol{x}^{(k)} - \boldsymbol{x}^{(k-1)}|$ がつぎの条件を満たすとき計算を終了する。

$$
|\boldsymbol{x}^{(k)} - \boldsymbol{x}^{(k-1)}| < \delta
$$

このベクトルの大きさはつぎのように計算する。

$$|\boldsymbol{x}| = \sqrt{\sum_{i=1}^{n} x_i^2}$$

収束判定にはほかにもいろいろな方法があるが，他書に委(ゆだ)ねることにする。

反復法では，このように解を更新していくことにより**近似解**を求めることができる。もちろん反復回数が十分でない場合にはよい近似解が得られない場合がある。

3.4 SOR法による計算

SOR法（successive over-relaxation method）は，ガウス・ザイデル法において各ステップで計算された $x_i^{(k)}$ の値をつぎの計算ステップでそのまま使うのではなく，ガウス・ザイデル法の修正量に**加速度パラメータ**を乗じて修正量を大きくして計算効率を上げた方法である。加速度パラメータを ω とすると，ω がつぎの条件を満たすときSOR法は収束する。

$$0 < \omega < 2$$

上の条件で，$\omega = 1$ のときガウス・ザイデル法に一致する。通常は，$1 < \omega < 2$ の範囲で値を選ぶ。SOR法のアルゴリズムをまとめるとつぎのようになる。

step 1:　SOR法でも未知数に対して適当な初期値 $\boldsymbol{x}_i^{(0)}$ $(i = 1, \cdots, n)$ を与える。

step 2:　与えられた初期値をもとにして，つぎの反復式を用いて解 $x_i^{(k)}$ $(i = 1, \cdots, n)$ の値を更新していく。未知数 x_i を計算する際には，式 (3.44) の第 i 番目の式を x_i について解いたものを用いている。

$$\xi_i^{(k)} = \frac{b_i - \displaystyle\sum_{j=1}^{i-1} a_{ij} x_j^{(k)} - \sum_{j=i+1}^{n} a_{ij} x_j^{(k-1)}}{a_{ii}^{(k)}} \tag{3.46}$$

$$x_i^{(k)} = x_i^{(k-1)} + \omega(\xi_i^{(k)} - x_i^{(k-1)}) \tag{3.47}$$

step 3:　収束判定を行い，条件を満たした場合に計算を終了する。条件を満たさない場合には step 2 を繰り返す。収束判定条件についてはガウス・ザイデル法と同様のものを用いる。

ガウス・ザイデル法や SOR 法などの反復的手法はどのような連立 1 次方程式に対しても収束解が得られるわけではなく，収束するためには次に示す十分条件を満足する必要がある。

(1) 連立方程式を行列表現したとき，係数行列の各行について，対角要素の絶対値が非対角要素の絶対値の和より大きい。

(2) 行列表現における係数行列が正定値対称である。

上記の条件を満たしていても収束が極めて遅い場合などがあり，必ずしもよい条件であるとはいえない。反復法は非常に便利な手法である反面，このような欠点をもっているということを認識して利用しなければならない。

章　末　問　題

(1) 部分ピボット選択付きガウスの消去法を用いてつぎの連立 1 次方程式を解くプログラムを作成せよ。

$$6x_1 + 5x_2 + 4x_3 = 8$$
$$12x_1 + 13x_2 + 10x_3 = 16$$
$$18x_1 + 21x_2 + 17x_3 = 27$$

(2) ガウス・ザイデル法を用いて章末問題 (1) の連立 1 次方程式を解くプログラムを作成せよ。

4 固有値問題

工学的に重要な多くの問題において固有値の計算が必要になる。数学の授業で固有値を求める際は，行列の固有方程式を解くことによって計算していた。しかし，行列のサイズが大きくなると固有方程式を求めての固有値計算は，決して有効な方法ではない。近年では，固有方程式を求めずに行列演算だけによって固有値を求める方法が主流となっている。また，コンピュータの発達に伴い主成分分析など固有値計算を必要とする多くの方法が簡単に計算できるようになった。この章では，固有値計算の基礎的な方法であるヤコビ法，LR 分解法，QR 分解法などについて説明する。

4.1 固有値の基礎

$\boldsymbol{A}$ を n 次の正方行列，$\boldsymbol{x}$ を n 次元ベクトルとして，つぎの関係が成り立つ定数 λ が存在するとき，定数 λ を行列 $\boldsymbol{A}$ の**固有値**（eigenvalue）という。

$$\boldsymbol{A}\boldsymbol{x} = \lambda\boldsymbol{x} \tag{4.1}$$

また，このときのベクトル $\boldsymbol{x}$ を**固有ベクトル**（eigenvector）という。式 (4.1) はつぎのように変形できる。ここで $\boldsymbol{I}$ は n 次の単位行列を表す。

$$(\boldsymbol{A} - \lambda\boldsymbol{I})\boldsymbol{x} = 0 \tag{4.2}$$

n 次の正方行列 $\boldsymbol{A}$ に対してベクトル $\boldsymbol{x}$ $(\neq \boldsymbol{0})$ が存在する必要十分条件は，次式を満足することである。

$$|\boldsymbol{A} - \lambda\boldsymbol{I}| = 0 \tag{4.3}$$

式 (4.3) を行列 $\boldsymbol{A}$ の**固有方程式**という。また，式 (4.3) の左辺を固有多項式という。

固有値に関して覚えておきたい定理としてつぎのものがある。

定理 4.1 （**相似変換**（similarity））

$\boldsymbol{A}$ を n 次正方行列，$\boldsymbol{P}$ を正則行列とするとき $\boldsymbol{A}$ と $\boldsymbol{PAP}^{-1}$（および $\boldsymbol{P}^{-1}\boldsymbol{AP}$）の固有値は一致する。

例題 4.1 つぎに示す行列 $\boldsymbol{A}$ の固有値と固有ベクトルを求めよ。

$$\boldsymbol{A} = \begin{bmatrix} 4 & 3 \\ -2 & -1 \end{bmatrix}$$

【解答】 行列 $\boldsymbol{A}$ の固有方程式を求めるとつぎのようになる。

$$|\boldsymbol{A} - \lambda \boldsymbol{I}| = \begin{vmatrix} 4-\lambda & 3 \\ -2 & -1-\lambda \end{vmatrix} = \lambda^2 - 3\lambda + 2 = (\lambda - 1)(\lambda - 2) = 0$$

これより固有値は，$\lambda = 1,\ 2$ となる。つぎに，それぞれの固有値に対する固有ベクトルを求める。

$\lambda = 1$ に対して

$$\begin{bmatrix} 4 & 3 \\ -2 & -1 \end{bmatrix} \begin{bmatrix} x_1 \\ x_2 \end{bmatrix} = \begin{bmatrix} x_1 \\ x_2 \end{bmatrix}$$

上式の第 1 式および第 2 式いずれからも，$x_1 = -x_2$ の関係が得られる。したがって，固有値 $\lambda = 1$ に対する固有ベクトル $\boldsymbol{x}$ はつぎのようになる。ここで，C_1 は任意の定数を表す。

$$\boldsymbol{x} = C_1 \begin{bmatrix} -1 \\ 1 \end{bmatrix}$$

$\lambda = 2$ に対して

$$\begin{bmatrix} 4 & 3 \\ -2 & -1 \end{bmatrix} \begin{bmatrix} x_1 \\ x_2 \end{bmatrix} = 2 \begin{bmatrix} x_1 \\ x_2 \end{bmatrix}$$

上式より，$x_1 = -(3/2)x_2$ の関係が得られる。したがって，固有値 $\lambda = 2$ に対する固有ベクトル $\boldsymbol{x}$ はつぎのようになる。ここで，C_2 は任意の定数を表す。

$$\boldsymbol{x} = C_2 \begin{bmatrix} -\dfrac{3}{2} \\ 1 \end{bmatrix}$$

◇

4.2 ヤ コ ビ 法

4.2.1 固有値の計算

実対称行列の固有値を求める基本的な方法として**ヤコビ法**（Jacobi method）がある。実対称行列という特殊なものにしか利用できない方法のように思われるかもしれないが，理工学の分野では頻繁に現れる行列である。例えば，**偏微分方程式**（partial differential equaiton）を数値解析するときの行列表現は実対称行列になることが多い。それ以外にも固有値を求める必要性のある問題そのものが実対称のシステムである場合が多い。

定理 4.1 に示したように，行列 $\boldsymbol{A}$ と行列 $\boldsymbol{PAP}^{-1}$（および $\boldsymbol{P}^{-1}\boldsymbol{AP}$）の固有値は一致する。このように固有値を変化させない変換のことを相似変換と呼んでいる。正則行列として，直交行列を考えた場合にもこの関係は成り立つ。直交行列というのは，正則行列 $\boldsymbol{P}$ の転置行列 $\boldsymbol{P}^t$ と逆行列 $\boldsymbol{P}^{-1}$ が一致するような行列のことをいう。

$$\boldsymbol{P}^t = \boldsymbol{P}^{-1} \tag{4.4}$$

行列 $\boldsymbol{A}_{k-1}$ に対して直交行列を用いて相似変換を行った結果の行列を $\boldsymbol{A}_k$ とするとつぎのように表すことができる。

$$\boldsymbol{A}_k = \boldsymbol{P}\boldsymbol{A}_{k-1}\boldsymbol{P}^t \tag{4.5}$$

直交行列を用いることによって，変換の際に逆行列計算をする必要がなくなる。このような計算方法を用いると，逆行列計算による計算精度の劣化と速度の低下を回避することができる。ヤコビ法は，相似変換を反復的に利用することで，行列の対角成分以外の成分をすべて 0 にする計算方法である。いま，第 p 行と第 q 行に回転の成分をもち，それ以外の対角成分が 1，他の成分がすべて 0 となっている直交行列を考える。

$$\boldsymbol{P} = \begin{bmatrix} 1 & \cdots & 0 & \cdots & 0 & \cdots & 0 \\ \vdots & \ddots & \vdots & \ddots & \vdots & \ddots & \vdots \\ 0 & \cdots & \cos\theta & \cdots & \sin\theta & \cdots & 0 \\ \vdots & \ddots & \vdots & 1 & \vdots & \ddots & \vdots \\ 0 & \cdots & -\sin\theta & \cdots & \cos\theta & \cdots & 0 \\ \vdots & \ddots & \vdots & \ddots & \vdots & \ddots & \vdots \\ 0 & \cdots & 0 & \cdots & 0 & \cdots & 1 \end{bmatrix} \begin{matrix} \\ \\ \leftarrow \text{第}\, p\, \text{行} \\ \\ \leftarrow \text{第}\, q\, \text{行} \\ \\ \\ \end{matrix} \tag{4.6}$$

このような回転行列を用いてもとの行列 $\boldsymbol{A}_{k-1}$ を相似変換すると，1 回の相似変換によって，p 行 q 列の成分と q 行 p 列の成分の 2ヶ所を 0 にすることができる。行列 $\boldsymbol{A}_{k-1}$ $(= [a_{ij}])$ に対して相似変換 $\boldsymbol{A}_k = \boldsymbol{P}\boldsymbol{A}_{k-1}\boldsymbol{P}^t$ を行うと各成分はつぎのようになる。ここで，添え字 (k) は $\boldsymbol{A}_k$ の成分を意味する。

$$a_{pj}^{(k)} = a_{pj}^{(k-1)} \cos\theta + a_{qj}^{(k-1)} \sin\theta \quad (j \neq p,\ q) \tag{4.7}$$

$$a_{qj}^{(k)} = -a_{pj}^{(k-1)} \sin\theta + a_{qj}^{(k-1)} \cos\theta \quad (j \neq p,\ q) \tag{4.8}$$

$$a_{ip}^{(k)} = a_{ip}^{(k-1)} \cos\theta + a_{iq}^{(k-1)} \sin\theta \quad (i \neq p,\ q) \tag{4.9}$$

$$a_{iq}^{(k)} = -a_{ip}^{(k-1)} \sin\theta + a_{iq}^{(k-1)} \cos\theta \quad (i \neq p,\ q) \tag{4.10}$$

ただし，p 行 p 列，q 行 q 列，p 行 q 列，q 行 p 列の 4ヶ所については，つぎのような変換となる。ここで p 行 q 列，q 行 p 列の計算には，対称性 $a_{pq} = a_{qp}$ を用いている。

$$a_{pp}^{(k)} = a_{pp}^{(k-1)} \cos^2\theta + 2a_{pq}^{(k-1)} \cos\theta \sin\theta + a_{qq}^{(k-1)} \sin^2\theta \tag{4.11}$$

$$a_{qq}^{(k)} = a_{pp}^{(k-1)} \sin^2\theta - 2a_{pq}^{(k-1)} \cos\theta \sin\theta + a_{qq}^{(k-1)} \cos^2\theta \tag{4.12}$$

$$a_{pq}^{(k)} = (a_{qq}^{(k-1)} - a_{pp}^{(k-1)}) \cos\theta \sin\theta + a_{pq}^{(k-1)}(\cos^2\theta - \sin^2\theta) \tag{4.13}$$

$$a_{qp}^{(k)} = (a_{qq}^{(k-1)} - a_{pp}^{(k-1)}) \cos\theta \sin\theta + a_{pq}^{(k-1)}(\cos^2\theta - \sin^2\theta) \tag{4.14}$$

式 (4.11)〜(4.14) で，a_{pq}，a_{qp} それぞれを 0 にする。

$$(a_{qq}^{(k-1)} - a_{pp}^{(k-1)}) \cos\theta \sin\theta + a_{pq}^{(k-1)}(\cos^2\theta - \sin^2\theta)$$

$$= \cos^2\theta\left((a_{qq}^{(k-1)} - a_{pp}^{(k-1)})\tan\theta + a_{pq}^{(k-1)}(1-\tan^2\theta)\right) = 0 \quad (4.15)$$

これより θ の値をつぎのようにすることで，a_{pq}，a_{qp} それぞれを 0 にすることができる。

$$\theta = \frac{1}{2}\tan^{-1}\frac{2a_{pq}^{(k-1)}}{a_{pp}^{(k-1)} - a_{qq}^{(k-1)}} \quad (4.16)$$

また，$a_{pp}^{(k-1)} = a_{qq}^{(k-1)}$ の場合には，式 (4.16) の分母が 0 になってしまうので，式 (4.15) より θ の値をつぎのように定めればよい。

$$\theta = \frac{\pi}{4} \quad (4.17)$$

相似変換を繰り返すことによって対角成分以外がすべて 0 に近似されたとき，対角成分の値が固有値となっている。

固有値の計算をする際，計算誤差を少なくする方法として，つぎの**ウィルキンソン**（Wilkinson）**の公式**を用いることが多い。ここで添え字 (k) は行列 $\boldsymbol{A}_k$ の成分を表す。

$$x = \frac{a_{pp}^{(k-1)} + a_{qq}^{(k-1)}}{2} \quad (4.18)$$

$$y = \frac{a_{pp}^{(k-1)} - a_{qq}^{(k-1)}}{2} \quad (4.19)$$

$$z = \sqrt{y^2 + \left(a_{pq}^{(k-1)}\right)^2} \quad (4.20)$$

$$a_{pp}^{(k)} = x + z \quad (4.21)$$

$$a_{qq}^{(k)} = x - z \quad (4.22)$$

a_{pq}，a_{qp} 以外の成分を計算するための θ の値はつぎの式で計算する。

$$\cos\theta = \frac{1}{\sqrt{2}}\sqrt{1 + \frac{y}{z}} \quad (4.23)$$

$$\sin\theta = \frac{a_{pq}}{2z\cos\theta} \quad (4.24)$$

なお，$a_{pp}^{(k-1)} - a_{qq}^{(k-1)}$ の値が負の場合には，平方根の中の計算で桁落ちが起こる可能性がある。そこで，$a_{pp}^{(k-1)} - a_{qq}^{(k-1)}$ の値が負になった場合には，つぎのように計算する。

$$a_{pp}^{(k)} = x - z \tag{4.25}$$

$$a_{qq}^{(k)} = x + z \tag{4.26}$$

$$\cos\theta = \frac{1}{\sqrt{2}}\sqrt{1 - \frac{y}{z}} \tag{4.27}$$

$$\sin\theta = \frac{-a_{pq}}{2z\cos\theta} \tag{4.28}$$

この計算方法はよい結果が得られるので，広く利用されている。

4.2.2 固有ベクトルの計算

直交行列による相似変換を繰り返すと，行列 $\boldsymbol{A}_k$ と行列 $\boldsymbol{P}_k$ はつぎのようになる。

$$\begin{aligned}\boldsymbol{A}_1 &= \boldsymbol{P}_1\boldsymbol{A}\boldsymbol{P}_1^t\\ \boldsymbol{A}_2 &= \boldsymbol{P}_2\boldsymbol{A}_1\boldsymbol{P}_2^t\\ &\vdots\\ \boldsymbol{A}_k &= \boldsymbol{P}_k\boldsymbol{A}_{k-1}\boldsymbol{P}_k^t\end{aligned}$$

このとき，計算の副産物として直交行列の積 $\boldsymbol{P}^t$ の各列が固有ベクトルとなる。固有ベクトルを求めるための $\boldsymbol{P}^t$ の計算はつぎのように表現できる。

$$\boldsymbol{P}^t = \boldsymbol{P}_1^t\boldsymbol{P}_2^t\cdots\boldsymbol{P}_k^t \tag{4.29}$$

この式を計算するためには，まず行列 $\boldsymbol{P}_k$ の初期値として単位行列 $\boldsymbol{V}_0 = \boldsymbol{I}$ を与える。固有値の計算 $\boldsymbol{A}_k = \boldsymbol{P}_k\boldsymbol{A}_{k-1}\boldsymbol{P}_k^t$ を行うたびに行列 $\boldsymbol{V}_k$ についてつぎの計算を行う。

$$\boldsymbol{V}_k = \boldsymbol{V}_{k-1}\boldsymbol{P}_k^t$$

実際には，行列 $\boldsymbol{V}_{k-1}$ の要素 v_{ip}，v_{iq} に対してつぎの計算を行えばよい。

$$v_{ip}^{(k)} = v_{ip}^{(k-1)}\cos\theta + v_{iq}^{(k-1)}\sin\theta \tag{4.30}$$

$$v_{iq}^{(k)} = -v_{ip}^{(k-1)}\sin\theta + v_{iq}^{(k-1)}\cos\theta \tag{4.31}$$

上式で，θ は固有値を計算する際に使われた直交行列に対して用いた値である。つぎにヤコビ法の計算アルゴリズムを示す。

step 1: 行列 $\boldsymbol{A}$ に対して i 行 j 列成分（初期値は $i=1$, $j=2$）を 0 にするための相似変換行列 $\boldsymbol{P}_k$（初期値は $k=1$）を求める。回転角 θ の値は，式 (*4.16*)，(*4.17*) を用いて計算する。

step 2: 相似変換によって変換された行列 $\boldsymbol{A}_k$ を求める。相似変換によって i 行 j 列成分および j 行 i 列成分が 0 となる。また，相似変換行列 $\boldsymbol{P}_k$ によって，$\boldsymbol{V}_k=\boldsymbol{V}_{k-1}\boldsymbol{P}_k^t$ を求める。初期値は $\boldsymbol{V}_0=\boldsymbol{I}$ とする。

step 3: step 1 と step 2 を $n-1$ 行 n 列成分まで繰り返す。

step 4: 得られた行列 $\boldsymbol{A}$ は対角行列となっており，この対角成分が固有値となる。また，得られた行列 $\boldsymbol{V}$ の各列が固有ベクトルとなっている。

例題 *4.2* ヤコビ法を用いてつぎの行列の固有値を求めよ。

$$\boldsymbol{A}=\begin{bmatrix}1 & 0 & -1\\ 0 & -1 & 0\\ -1 & 0 & 1\end{bmatrix}$$

【解答】 この問題では，a_{13} と a_{31} の値を 0 にすればよい。$a_{11}=a_{33}$ であることから，相似変換するための $\boldsymbol{P}$ を決定するための θ をつぎのようにする。

$$\theta=\frac{\pi}{4}$$

したがって，$\boldsymbol{P}$ はつぎのようになる。

$$\boldsymbol{P}=\begin{bmatrix}\frac{1}{\sqrt{2}} & 0 & \frac{1}{\sqrt{2}}\\ 0 & 1 & 0\\ -\frac{1}{\sqrt{2}} & 0 & \frac{1}{\sqrt{2}}\end{bmatrix}$$

この変換行列を用いて相似変換を行うとつぎのようになる。

$$\boldsymbol{PAP}^t=\begin{bmatrix}0 & 0 & 0\\ 0 & -1 & 0\\ 0 & 0 & 2\end{bmatrix}$$

相似変換によって対角行列が得られ，この対角成分が固有値となっている。つまり，行列 $\boldsymbol{A}$ の固有値は $\lambda=0,-1,2$ ということになる。 ◇

コーヒーブレイク

ヤコビ法の数値計算結果

ヤコビ法における固有ベクトルの計算は，単位行列を初期値として回転行列を順次乗算することによって行っている。そのため最終的に得られた固有ベクトルは正規化された値（ベクトルの大きさが 1）となっている。

4.3 LR 分解による固有値計算

LR 法はルーティスハウザー（Lutishauser）が考案した固有値計算法である。**LR 分解**というのは，**LU 分解**のことである。ルーティスハウザーは，行列を **L 行列**（left triangular matrix）と **R 行列**（right triangular matrix）に分解するということから LU 分解のことを LR 分解と呼んでいた。そのため，固有値問題ではルーティスハウザーにならって LU 分解のことを LR 分解と呼ぶようになっている。

つぎに，固有値の定義式を示す。行列 $\boldsymbol{A}$，ベクトル $\boldsymbol{x}$，固有値 λ とするとき，次式の関係がある。

$$\boldsymbol{A}\boldsymbol{x} = \lambda\boldsymbol{x}$$

上式左辺の係数行列 $\boldsymbol{A}$ $(= \boldsymbol{A}_0)$ を LU 分解したときの下三角行列と上三角行列をそれぞれ $\boldsymbol{L}_0$，$\boldsymbol{U}_0$ とすると $\boldsymbol{A}_0 = \boldsymbol{L}_0\boldsymbol{U}_0$ という関係が成り立つ。また上式の両辺に左から $\boldsymbol{U}_0^{-1}\boldsymbol{U}_0 = \boldsymbol{I}$ を乗じると，左辺の係数行列をつぎのように変形することができる。

$$\boldsymbol{A}_0 = \boldsymbol{U}_0^{-1}\boldsymbol{U}_0\boldsymbol{L}_0\boldsymbol{U}_0 = \boldsymbol{U}_0^{-1}(\boldsymbol{U}_0\boldsymbol{L}_0)\boldsymbol{U}_0 = \boldsymbol{U}_0^{-1}\boldsymbol{A}_1\boldsymbol{U}_0 \tag{4.32}$$

添え字は，反復処理のステップを意味する。上式からつぎの関係を得ることができる。

$$\boldsymbol{A}_1 = \boldsymbol{U}_0\boldsymbol{L}_0 \tag{4.33}$$

これは，行列 $\boldsymbol{A}_0$ を LU 分解して，L 行列と U 行列の順番を逆にして乗算を行ったものである。また式 (4.32) からわかるように，行列 $\boldsymbol{A}_1$ は行列 $\boldsymbol{A}_0$ を相似変換したものであり，式 (4.33) の操作を繰り返しても固有値は変化しない。つぎの式を用いて反復計算を行うと，行列 $\boldsymbol{A}_{n+1}$ は上三角行列に収束し，対角成分が固有値となることが知られている。

$$\boldsymbol{A}_{n+1} = \boldsymbol{U}_n \boldsymbol{L}_n \tag{4.34}$$

LR 分解のアルゴリズムをまとめるとつぎのようになる。

step 1:　行列 $\boldsymbol{A}_k$ に対して LR 分解を行い，下三角行列 $\boldsymbol{L}_k$ と上三角行列 $\boldsymbol{U}_k$ を求める。初期値は $\boldsymbol{A}_0 = \boldsymbol{A}$（与えられた行列）とする。

step 2:　行列 $\boldsymbol{L}_k$, $\boldsymbol{U}_k$ の順序を入れ替えて $\boldsymbol{A}_{k+1} = \boldsymbol{U}_k \boldsymbol{L}_k$ の計算を行う。

step 3:　$\boldsymbol{A}_{k+1}$ が上三角行列に収束するまで step 1 と step 2 の計算を繰り返す。得られた上三角行列の対角成分が固有値となっている。

例題 4.3　LR 分解法を用いてつぎの行列の固有値を計算せよ。

$$\boldsymbol{A} = \begin{bmatrix} 1 & 0 & -1 \\ 0 & -1 & 0 \\ -1 & 0 & 1 \end{bmatrix}$$

【解答】　行列 $\boldsymbol{A}$ を LR 分解するとつぎのようになる。

$$\boldsymbol{A} = \boldsymbol{L}\boldsymbol{R} = \begin{bmatrix} 1 & 0 & 0 \\ 0 & 1 & 0 \\ -1 & 0 & 1 \end{bmatrix} \begin{bmatrix} 1 & 0 & -1 \\ 0 & -1 & 0 \\ 0 & 0 & 0 \end{bmatrix}$$

下三角行列と上三角行列の順序を入れ替えて計算するとつぎのようになる。

$$\boldsymbol{A} = \boldsymbol{R}\boldsymbol{L} = \begin{bmatrix} 1 & 0 & -1 \\ 0 & -1 & 0 \\ 0 & 0 & 0 \end{bmatrix} \begin{bmatrix} 1 & 0 & 0 \\ 0 & 1 & 0 \\ -1 & 0 & 1 \end{bmatrix} = \begin{bmatrix} 2 & 0 & -1 \\ 0 & -1 & 0 \\ 0 & 0 & 0 \end{bmatrix}$$

計算された行列 $\boldsymbol{A}$ は，上三角行列になっている。このとき，対角成分の値が固有値となる。すなわち，$\lambda = 2, -1, 0$ が固有値である。　◇

4.4 QR分解による固有値計算

4.4.1 QR 分 解

LR法は優れた方法であるが，最近ではLR法を変形した**QR法**がよく用いられる。基本的には同じであるが，LR分解の代わりにQR分解が用いられる。QR分解は $n \times n$ 行列 $\boldsymbol{A}$ を直交行列 $\boldsymbol{Q}$ と上三角行列 $\boldsymbol{R}$ の積に分解する手法である。直交行列はつぎの関係を満たす。

$$\boldsymbol{Q}^t\boldsymbol{Q} = \boldsymbol{Q}\boldsymbol{Q}^t = \boldsymbol{I} \tag{4.35}$$

添え字 t は行列の転置を表している。また，$\boldsymbol{I}$ は単位行列を意味する。行列 $\boldsymbol{Q}$ が直交行列のとき，行列を n 個の列ベクトルに分解するとつぎのようになる。

$$\boldsymbol{Q} = [\boldsymbol{q}_1, \boldsymbol{q}_2, \cdots, \boldsymbol{q}_n] \tag{4.36}$$

このとき列ベクトル $\boldsymbol{q}_1, \boldsymbol{q}_2, \cdots, \boldsymbol{q}_n$ は互いに直交し，かつベクトルの大きさが $|\boldsymbol{q}_i| = 1 \ (i = 1, \cdots, n)$ となる。

行列 $\boldsymbol{A}$ $(= \boldsymbol{A}_0)$ をQR分解したときの直交行列と上三角行列をそれぞれ $\boldsymbol{Q}_0$ および $\boldsymbol{R}_0$ とすると $\boldsymbol{A}_0 = \boldsymbol{Q}_0\boldsymbol{R}_0$ となる。この式の右辺に左から行列 $\boldsymbol{R}_0^{-1}\boldsymbol{R}_0 = \boldsymbol{I}$ を乗じて変形するとつぎの関係式を得る。

$$\boldsymbol{A}_0 = \boldsymbol{R}_0^{-1}\boldsymbol{R}_0\boldsymbol{Q}_0\boldsymbol{R}_0 = \boldsymbol{R}_0^{-1}(\boldsymbol{R}_0\boldsymbol{Q}_0)\boldsymbol{R}_0 = \boldsymbol{R}_0^{-1}\boldsymbol{A}_1\boldsymbol{R}_0 \tag{4.37}$$

式(4.37)からわかるように，行列 $\boldsymbol{A}_1$ は行列 $\boldsymbol{A}_0$ を相似変換したものであり，また行列 $\boldsymbol{A}_0$ をQR分解して行列 $\boldsymbol{Q}_0$ と行列 $\boldsymbol{R}_0$ の順序を入れ替えて乗じたものである。この演算をつぎの式を用いて $\boldsymbol{A}_{n+1}$ まで反復計算することによって固有値を求めることができる。

$$\boldsymbol{A}_{n+1} = \boldsymbol{R}_n\boldsymbol{Q}_n \tag{4.38}$$

LR法と同様にQR法でも行列 $\boldsymbol{A}_{n+1}$ は上三角行列に収束し，対角成分が固有値となる。

4.4.2 グラム・シュミットの直交化法

QR 分解法で最も基本的なのものとして，**グラム・シュミット**（Gram-Schmidt）の**直交化法**がある。まず，直交行列 $\boldsymbol{Q}$ を n 個の列ベクトル $\boldsymbol{q}_i$ $(i=1,\cdots,n)$ によってつぎのように表す。

$$\boldsymbol{Q}=[\boldsymbol{q}_1,\boldsymbol{q}_2,\cdots,\boldsymbol{q}_n]$$

また，上三角行列 $\boldsymbol{R}$ をつぎのように表す。

$$\boldsymbol{R}=\begin{bmatrix} r_{11} & r_{12} & \cdots & r_{1n} \\ 0 & r_{22} & \cdots & r_{2n} \\ \vdots & \vdots & \ddots & \vdots \\ 0 & 0 & \cdots & r_{nn} \end{bmatrix} \tag{4.39}$$

このとき行列 $\boldsymbol{Q}$ と行列 $\boldsymbol{R}$ の積はつぎのようになる。

$$\boldsymbol{QR}=\left[r_{11}\boldsymbol{q}_1,\ \ r_{12}\boldsymbol{q}_1+r_{22}\boldsymbol{q}_2,\ \ \cdots,\ \ \sum_{i=1}^{n} r_{in}\boldsymbol{q}_i\right] \tag{4.40}$$

つぎに $n\times n$ 行列 $\boldsymbol{A}$ を n 個の列ベクトル $\boldsymbol{a}_i$ $(i=1,\cdots,n)$ に分けて考える。

$$\boldsymbol{A}=[\boldsymbol{a}_1\ \boldsymbol{a}_2\ \cdots\ \boldsymbol{a}_n] \tag{4.41}$$

QR 分解した結果は $\boldsymbol{A}=\boldsymbol{QR}$ であるから，式 (4.40) と式 (4.41) を比較することによって，直交行列と上三角行列の成分を求めることができる。まず $\boldsymbol{a}_1=r_{11}\boldsymbol{q}_1$ の関係から直交行列 $\boldsymbol{Q}$ の第 1 列を求める。

$$\boldsymbol{x}_1=\boldsymbol{a}_1 \tag{4.42}$$

$$r_{11}=|\boldsymbol{x}_1| \tag{4.43}$$

$$\boldsymbol{q}_1=\frac{1}{r_{11}}\boldsymbol{x}_1 \tag{4.44}$$

このとき，上三角行列の 1 行 1 列の成分 r_{11} も同時に求まる。列ベクトル $\boldsymbol{q}_i$ $(i=1,\cdots,n)$ は正規直交系であるから，つぎの関係が成り立つ。ここで，演算 $(\cdot,\ \cdot)$ は二つのベクトルの内積を表している。

$$(\boldsymbol{q}_i,\boldsymbol{q}_j)=0 \quad (i\neq j\ のとき)$$

$$(\boldsymbol{q}_i,\boldsymbol{q}_j)=1 \quad (i=j\ のとき)$$

上式より，行列 $\boldsymbol{Q}$ の第 2 列以降は $\boldsymbol{a}_k = \sum_{i=1}^{k} r_{ik}\boldsymbol{q}_i$ の関係からからつぎのように計算できる。

$$r_{jk} = (\boldsymbol{a}_k, \boldsymbol{q}_j) \quad (j = 1, 2, \cdots, k-1) \tag{4.45}$$

$$\boldsymbol{x}_k = \boldsymbol{a}_k - \sum_{m=1}^{k-1} r_{mk}\boldsymbol{q}_m \tag{4.46}$$

$$r_{kk} = |\boldsymbol{x}_k| \tag{4.47}$$

$$\boldsymbol{q}_k = \frac{1}{r_{kk}}\boldsymbol{x}_k \tag{4.48}$$

QR 分解のアルゴリズムをまとめるとつぎのようになる。

step 1: 行列 $\boldsymbol{A}_k$ に対して QR 分解を行い，直交行列 $\boldsymbol{Q}_k$ と上三角行列 $\boldsymbol{R}_k$ を求める。初期値は $\boldsymbol{A}_0 = \boldsymbol{A}$（与えられた行列）とする。

step 2: 行列 $\boldsymbol{Q}_k$，$\boldsymbol{R}_k$ の順序を入れ替えて $\boldsymbol{A}_{k+1} = \boldsymbol{R}_k\boldsymbol{Q}_k$ の計算を行う。

step 3: $\boldsymbol{A}_{k+1}$ が上三角行列に収束するまで step 1 と step 2 の計算を繰り返す。得られた上三角行列の対角成分が固有値となっている。

例題 4.4 グラム・シュミットの直交化法を用いて，つぎの行列を直交行列 $\boldsymbol{Q}$ と上三角行列 $\boldsymbol{R}$ に分解せよ。

$$\boldsymbol{A} = \begin{bmatrix} 1 & -2 & -2 \\ -2 & 2 & 0 \\ -2 & 0 & 0 \end{bmatrix}$$

【解答】 行列 $\boldsymbol{A}$ を直交行列 $\boldsymbol{Q}$ と上三角行列 $\boldsymbol{R}$ によってつぎのように表す。

$$\begin{aligned} \boldsymbol{A} &= [\boldsymbol{q}_1, \boldsymbol{q}_2, \boldsymbol{q}_3] \begin{bmatrix} r_{11} & r_{12} & r_{13} \\ 0 & r_{22} & r_{23} \\ 0 & 0 & r_{33} \end{bmatrix} \\ &= [r_{11}\boldsymbol{q}_1,\ r_{12}\boldsymbol{q}_1 + r_{22}\boldsymbol{q}_2,\ r_{13}\boldsymbol{q}_1 + r_{23}\boldsymbol{q}_2 + r_{33}\boldsymbol{q}_3] \end{aligned}$$

行列 $\boldsymbol{A}$ と行列 $\boldsymbol{QR}$ の第 1 列の関係よりつぎのように計算できる。

$$\boldsymbol{x}_1 = [1, -2, -2]^t$$

$$r_{11} = |\boldsymbol{x}_1| = \sqrt{1^2 + (-2)^2 + (-2)^2} = 3$$

$$\boldsymbol{q}_1 = \frac{1}{3}\boldsymbol{x}_1 = \left[\frac{1}{3}, -\frac{2}{3}, -\frac{2}{3}\right]^t$$

行列 $\boldsymbol{A}$ と行列 $\boldsymbol{Q}$ の第 2 列の関係よりつぎのように計算できる。

$$r_{12} = (\boldsymbol{a}_2, \boldsymbol{q}_1) = -2 \times \frac{1}{3} + 2 \times \left(-\frac{2}{3}\right) - 0 \times \left(-\frac{2}{3}\right) = -2$$

$$\boldsymbol{x}_2 = \begin{bmatrix} -2 \\ 2 \\ 0 \end{bmatrix} + 2 \times \begin{bmatrix} \frac{1}{3} \\ -\frac{2}{3} \\ -\frac{2}{3} \end{bmatrix} = \begin{bmatrix} -\frac{4}{3} \\ \frac{2}{3} \\ -\frac{4}{3} \end{bmatrix}$$

$$r_{22} = |\boldsymbol{x}_2| = \sqrt{\left(-\frac{4}{3}\right)^2 + \left(\frac{2}{3}\right)^2 + \left(-\frac{4}{3}\right)^2} = 2$$

$$\boldsymbol{q}_2 = \frac{1}{r_{22}}\boldsymbol{x}_2 = \left[-\frac{2}{3}, \frac{1}{3}, -\frac{2}{3}\right]^t$$

行列 $\boldsymbol{A}$ と行列 $\boldsymbol{Q}$ の第 3 列の関係よりつぎのように計算できる。

$$r_{13} = (\boldsymbol{a}_3, \boldsymbol{q}_1) = (-2) \times \left(\frac{1}{3}\right) + 0 \times \left(-\frac{2}{3}\right) + 0 \times \left(-\frac{2}{3}\right) = -\frac{2}{3}$$

$$r_{23} = (\boldsymbol{a}_3, \boldsymbol{q}_2) = (-2) \times \left(-\frac{2}{3}\right) + 0 \times \left(\frac{1}{3}\right) + 0 \times \left(-\frac{2}{3}\right) = \frac{4}{3}$$

$$\boldsymbol{x}_3 = \begin{bmatrix} -2 \\ 0 \\ 0 \end{bmatrix} - \left(-\frac{2}{3}\right) \times \begin{bmatrix} \frac{1}{3} \\ -\frac{2}{3} \\ -\frac{2}{3} \end{bmatrix} - \left(\frac{4}{3}\right) \times \begin{bmatrix} -\frac{2}{3} \\ \frac{1}{3} \\ -\frac{2}{3} \end{bmatrix} = \begin{bmatrix} -\frac{8}{9} \\ -\frac{8}{9} \\ \frac{4}{9} \end{bmatrix}$$

$$r_{33} = |\boldsymbol{x}_3| = \sqrt{\left(-\frac{8}{9}\right)^2 + \left(-\frac{8}{9}\right)^2 + \left(\frac{4}{9}\right)^2} = \sqrt{\frac{144}{81}} = \frac{4}{3}$$

$$\boldsymbol{q}_3 = \frac{3}{4}\boldsymbol{x}_3 = \left[-\frac{2}{3}, -\frac{2}{3}, \frac{1}{3}\right]^t$$

これらの計算から行列 $\boldsymbol{A}$ を QR 分解するとつぎの式が得られる。

$$\boldsymbol{A} = \boldsymbol{QR} = \begin{bmatrix} \frac{1}{3} & -\frac{2}{3} & -\frac{2}{3} \\ -\frac{2}{3} & \frac{1}{3} & -\frac{2}{3} \\ -\frac{2}{3} & -\frac{2}{3} & \frac{1}{3} \end{bmatrix} \begin{bmatrix} 3 & -2 & -\frac{2}{3} \\ 0 & 2 & \frac{4}{3} \\ 0 & 0 & \frac{4}{3} \end{bmatrix}$$

◇

グラム・シュミットの直交化は正則行列に対して用いられる手法なので，**特異行列**（逆行列を持たない行列）に対しては，ほかの方法を用いなければならない。また，実際にはQR法だけでは収束が遅いので，大規模な問題では**ハウスホルダ法**（Householder method）などを組み合わせて高速化を行う。QR法の高速化については他書を参考にしていただきたい。

4.5 累乗法と逆反復法

LR法，QR法では固有値を求めることはできたが，固有ベクトルを求めることはできなかった。問題によっては固有ベクトルを求めることが重要な場合もある。そのようなときに固有ベクトルを求める手法として，つぎに示す累乗法と逆反復法がよく知られている。

4.5.1 累 乗 法

$n \times n$ 行列 $\boldsymbol{A}$，ゼロベクトルでない任意の n 次元ベクトルを $\boldsymbol{x}_0$ とするときつぎの反復を考える。

$$\boldsymbol{y}_n = \boldsymbol{A}\boldsymbol{x}_{n-1} \tag{4.49}$$

$$\boldsymbol{x}_n = \frac{\boldsymbol{y}_n}{|\boldsymbol{y}_n|} \tag{4.50}$$

上式で $|\cdot|$ はベクトルの大きさを表す。この反復により $\boldsymbol{x}_n$ は固有ベクトルに収束していくことが知られている。この方法のことを**累乗法**（power method）という。

4.5.2 逆 反 復 法

累乗法を用いて，$\boldsymbol{A}$ の代わりに $\boldsymbol{A}^{-1}$ の固有値を求める方法を**逆反復法**（inverse iteration method）という。これは $\boldsymbol{A}$ と $\boldsymbol{A}^{-1}$ の固有値につぎのような関係があることを利用している。

(1) $\boldsymbol{A}^{-1}$ の固有値は $\boldsymbol{A}$ の固有値の逆数になっている。

(2)　$\boldsymbol{A}^{-1}$ の固有ベクトルと $\boldsymbol{A}$ の固有ベクトルは共通である。

逆反復法の計算では原点移動という手法を用いて収束を加速することができる。つぎに原点移動を含めた逆反復法のアルゴリズムを示す。

step 1:　あらかじめ何らかの方法で行列 $\boldsymbol{A}$ の固有値を求めておく。

step 2:　n 次元ベクトル $\boldsymbol{x}_0$ にゼロベクトルでない任意の初期値を与える。

step 3:　すでに計算された行列 $\boldsymbol{A}$ の固有値を λ とするとき，行列 $\boldsymbol{A}$ の各対角成分から λ を引いた行列 $\boldsymbol{B}$ を考える（原点移動）。

$$\boldsymbol{B} = \boldsymbol{A} - \lambda \boldsymbol{I} \tag{4.51}$$

step 4:　つぎの連立方程式を解くことによって $\boldsymbol{x}_{n+1}$ を求める。

$$\boldsymbol{B}\boldsymbol{x}_{n+1} = \boldsymbol{x}_n \quad (1 \leqq n) \tag{4.52}$$

step 5:　step 4 を $\boldsymbol{x}_{n+1}$ が収束するまで繰り返す。

章 末 問 題

(1)　つぎに示す実対称三重対角行列について，ヤコビ法を用いて固有値および固有ベクトルを求めるプログラムを作成せよ。

$$\begin{bmatrix} 2 & -1 & 0 & 0 & 0 \\ -1 & 2 & -1 & 0 & 0 \\ 0 & -1 & 2 & -1 & 0 \\ 0 & 0 & -1 & 2 & -1 \\ 0 & 0 & 0 & -1 & 2 \end{bmatrix}$$

(2)　章末問題 (1) の実対称行列について，LR 分解を用いて固有値および固有ベクトルを求めるプログラムを作成せよ。

5 実験データの多変量解析

工学的な研究を行う際に欠かせないのが実験データの解析である。得られたデータの統計的性質を調べたり，データ点列を近似式で表したりすることによって実験データからいろいろな性質を取り出すことができる。この章では，実験データの統計的特徴量を計算する方法，最小二乗法および主成分分析について説明する。

5.1 データの統計的特徴量

実験データなどを扱うときの基本的な統計量として，平均，分散などがある。ここでは，データの比較によく用いられる統計量のいくつかについて説明する。得られたデータを x_i $(i=1,\cdots,n)$ とするとデータの**平均**（mean）$\overline{x}$ はつぎのように表すことができる。

$$\overline{x} = \frac{1}{n}\sum_{i=1}^{n} x_i \tag{5.1}$$

データのばらつきを表す量として**分散**（variance）V_x があり，V_x はつぎのように計算できる。

$$S_{xx} = \sum_{i=1}^{n}(x_i - \overline{x})^2 \tag{5.2}$$

$$V_x = \frac{S_{xx}}{n-1} \quad \left(= \frac{S_{xx}}{n}\right) \tag{5.3}$$

ここで，平均値と計測値の差のことを**偏差**といい，S_{xx} のことを**偏差平方和**という。分散を計算するとき，データ数 n を分母とする場合と，$n-1$ を分母とする場合がある。分母を $n-1$ あるいは n のいずれを用いるかはそれぞれつぎの場合に対応している。

$n-1$ を利用：

母集団から任意の標本を選んだとき，平均値をその標本から求めている場合に $n-1$ を利用する。このとき平均 $\overline{x}=\sum_{i=1}^{n} x_i$ および分散 $V_x = S_{xx}/(n-1)$ のそれぞれが不偏推定量となっている。V_x は**標本分散**あるいは**不偏分散**とも呼ばれる。

n を利用：

分母に n を利用するのはつぎの場合である。

(1)　母集団のすべてのデータを利用する場合。

(2)　母集団の平均値がわかっている場合。

これらの場合には，分散 $V_x = S_{xx}/n$ は母分散の不偏推定量ではない。

コーヒーブレイク

不偏推定量

母集団の未知の母数 θ（平均や分散などの数値）に対して，標本 $x_1,\cdots,x_n$ の関数から得られる数値 $\widehat{\theta}$ を**推定量**といい，さらに推定量 $\widehat{\theta}$ の期待値が母集団の母数 θ と等しいとき，推定値 $\widehat{\theta}$ を**不偏推定量**という。

分散の平方根 σ_x を**標準偏差**（standard deviation）といい，次式で定義される。標準偏差は非常によく用いられる数値であるが，統計的には分母が $n-1$ および n いずれの場合にも不偏推定量ではないことも知っておこう。

$$\sigma_x = \sqrt{V_x} \tag{5.4}$$

また，母集団から任意標本を n 回選んだときに，各標本の平均 $\overline{x}$ がどの程度ばらついているかを表す平均値の標準偏差としてつぎの式が用いられる。

$$\sigma_{\bar{x}} = \sqrt{\frac{1}{n(n-1)} S_{xx}} \tag{5.5}$$

x_i に対してもう一つのデータ y_i $(i=1,\cdots,n)$ を計測したときに，データ x_i とデータ y_i との間にどのような関係があるかを調べる統計量として，偏差積和，共分散，相関係数がある。**偏差積和** S_{xy} はつぎの式によって求めることができる。

$$S_{xy} = \sum_{i=1}^{n}(x_i - \overline{x})(y_i - \overline{y}) = \sum_{i=1}^{n} x_i y_i - \frac{\displaystyle\sum_{i=1}^{n} x_i \sum_{i=1}^{n} y_i}{n} \tag{5.6}$$

共分散 C_{xy} は，偏差積和を $n-1$ で割ることによって得られる。

$$C_{xy} = \frac{S_{xy}}{n-1} \tag{5.7}$$

相関係数 r_{xy} は，共分散とそれぞれのデータの標準偏差 σ_x, σ_y を用いてつぎのように計算できる。

$$r_{xy} = \frac{C_{xy}}{\sigma_x \sigma_y} \tag{5.8}$$

例題 5.1 **表 5.1** に示す二つのデータ (x, y) について，それぞれの平均，分散，標準偏差およびデータ間の共分散，相関係数を小数第 4 位まで求めよ。表に示される数値は各列ごとに対応しているものとする。

表 5.1

x	5	6	4	2	5	8	10	4	7	9
y	55	40	30	25	45	70	90	25	45	75

【解答】 示されるデータを x，y それぞれについて平均するとつぎのようになる。

$$\overline{x} = 6, \quad \overline{y} = 50$$

この平均とデータの値から分散を求めるとつぎのようになる。

$$V_x = \frac{56}{9} = 6.222\,2, \quad V_y = \frac{4\,450}{9} = 494.444\,4$$

標準偏差は分散の平方根を計算することによって，つぎのように得られる。

$$\sigma_x = 2.494\,4, \quad \sigma_y = 22.236\,1$$

偏差積和および共分散はつぎのようになる。

$$S_{xy} = 460, \quad C_{xy} = \frac{460}{9} = 51.111\,1$$

共分散と x，y それぞれの標準偏差から相関係数はつぎのように求まる。

$$r_{xy} = \frac{C_{xy}}{\sigma_x \sigma_y} = 0.921\,4$$

◇

5.2 最小二乗法

データが与えられたとき，その特性を近似する方法の一つに**最小二乗法** (method of least–squares) がある。いま，(x, y) のデータが計測されたとして，x，y の関係をつぎの式で仮定する。

$$y = f(x) \tag{5.9}$$

データ点は必ずしもこの関数上にあるわけではないので，図 **5.1** に示すように実際のデータと関数上の点の間に偏差が生じる。最小二乗法で気をつけなければならないことは，変数のもつ偏差の意味である。式 (5.9) の場合，変数 x が**独立変数** (independent variable)，変数 y が**従属変数** (dependent variable) ということになる。数値解析の意味からいえば，x は確定した値であり誤差をもたず，y は x に従属した値で誤差をもつ。

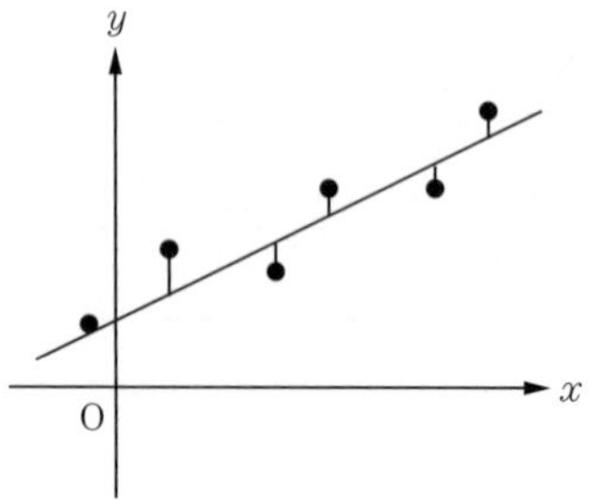

図 **5.1** 最小二乗法

いま i 番目のデータを (x_i, y_i) とする。$f(x_i)$ は独立変数 x_i を関数 $f(x)$ に代入した値であり，y_i の**理論値**ということになる。理論値と実際の y_i との差のことを**残差**という。最小二乗法はつぎの残差平方和を最小にする関数 $f(x)$ を決定する方法である。

$$S = \sum_{i=1}^{n} \{y_i - f(x_i)\}^2 \tag{5.10}$$

いま，関数 $f(x)$ をつぎの 1 次式で仮定する。この 1 次式から得られる直線のことを**回帰直線** (regression line) という。この場合には最小二乗法によって，係数 a_0，a_1 を決定することになる。

$$y = a_0 + a_1 x \tag{5.11}$$

回帰式を上式のようにした場合，残差平方和を表す式はつぎのようになる。

$$S = \sum_{i=1}^{n} \{y_i - (a_0 + a_1 x_i)\}^2 \tag{5.12}$$

残差平方和を最小にする係数を求めるには，式 (5.12) をそれぞれの係数で偏微分して 0 とおいた式を求める。

$$\frac{\partial S}{\partial a_0} = -2 \sum_{i=1}^{n} \{y_i - (a_0 + a_1 x_i)\} = 0 \tag{5.13}$$

$$\frac{\partial S}{\partial a_1} = -2 \sum_{i=1}^{n} x_i \{y_i - (a_0 + a_1 x_i)\} = 0 \tag{5.14}$$

これらの式から得られるつぎの連立方程式を各係数について解けばよい。

$$n a_0 + a_1 \sum_{i=1}^{n} x_i = \sum_{i=1}^{n} y_i \tag{5.15}$$

$$a_0 \sum_{i=1}^{n} x_i + a_1 \sum_{i=1}^{n} x_i^2 = \sum_{i=1}^{n} x_i y_i \tag{5.16}$$

これより係数はつぎのように求まる。

$$a_1 = \frac{n \sum_{i=1}^{n} x_i y_i - \sum_{i=1}^{n} x_i \cdot \sum_{i=1}^{n} y_i}{n \sum_{i=1}^{n} x_i^2 - \left(\sum_{i=1}^{n} x_i \right)^2} \tag{5.17}$$

$$a_0 = \frac{\sum_{i=1}^{n} y_i \cdot \sum_{i=1}^{n} x_i^2 - \sum_{i=1}^{n} x_i \cdot \sum_{i=1}^{n} x_i y_i}{n \sum_{i=1}^{n} x_i^2 - \left(\sum_{i=1}^{n} x_i \right)^2} \tag{5.18}$$

これとまったく同じ手法で，x と y の関係をつぎのように関数 $f_i(x)$ の線形結合で仮定して近似式を求めることができる。

$$y = a_1 f_1(x) + a_2 f_2(x) + \cdots + a_m f_m(x) \tag{5.19}$$

式 (5.19) の係数 a_i $(i = 1, \cdots, m)$ を求めるためには，つぎの残差平方和を最小にするように係数を決定すればよい。

$$S = \sum_{i=1}^{n}[y_i - \{a_1 f_1(x_i) + a_2 f_2(x_i) + \cdots + a_m f_m(x_i)\}]^2 \qquad (5.20)$$

このように変数（求める係数）の数が多くなると，先に示したように解析的に求めることは困難である。このような場合には 3 章で示した連立方程式の数値解法などで解くのが一般的である。

例題 5.2　表 **5.2** に示すデータを直線 $y = a_0 + a_1 x$ で近似するとき，最小二乗法を用いて係数 a_0，a_1 を小数第 2 位まで求めよ。また，残差平方和も求めよ。

表 5.2

x	0.0	1.0	2.0	3.0	4.0	5.0
y	10.2	12.0	15.7	17.0	20.5	22.4

【解答】　残差平方和を偏微分して得られる連立方程式に与えられたデータを代入するとつぎのようになる。

$$\sum_{i=1}^{6} x_i = 15, \quad \sum_{i=1}^{6} x_i^2 = 55, \quad \sum_{i=1}^{6} y_i = 97.8, \quad \sum_{i=1}^{6} x_i y_i = 288.4$$

$$6.0a_0 + 15.0a_1 = 97.8$$

$$15.0a_0 + 55.0a_1 = 288.4$$

この連立方程式を解くことによりつぎの近似式を得る。

$$y = 10.03 + 2.51x$$

また，残差平方和はつぎのようになる。

$$S = \sum_{i=1}^{6}(y_i - (10.03 + 2.51x_i))^2 = 1.27$$

◇

例題 5.3　得られた測定データ (x_i, y_i) $(i = 1, \cdots, n)$ について x_i と y_i の関係をつぎの指数関数で近似した場合，残差平方和式を偏微分することに

よって得られる連立方程式を求めよ。

$$y = ae^{bx}$$

【解答】 指数関数を近似式とする場合には，両辺の対数をとってつぎのような変形をするとよい。

$$\log y = \log a + bx$$

このような書式にしてさらに $A = \log a$ とおくことによって，直線近似の場合と同様の計算に帰着できる。このとき残差平方和を表す式はつぎのようになる。

$$S = \sum_{i=1}^{n} (\log y_i - (A + bx_i))^2$$

これより，つぎの連立方程式が得られる。

$$nA + b\sum_{i=1}^{n} x_i = \sum_{i=1}^{n} \log y_i$$

$$A\sum_{i=1}^{n} x_i + b\sum_{i=1}^{n} x_i^2 = \sum_{i=1}^{n} x_i \log y_i$$

連立方程式を解くことによって A と b を求める。A については $A = \log a$ の関係から a の値を求める。 ◇

例題 5.4 得られた測定データ (x_i, y_i) $(i = 1, \cdots, n)$ について x_i と y_i の関係をつぎの多項式で近似する場合，残差平方和式を偏微分することによって得られる連立方程式を求めよ。

$$y = \sum_{j=0}^{m} a_j x^j$$

【解答】 残差平方和を求める式はつぎのようになる。

$$S = \sum_{i=1}^{n} \left(y_i - \sum_{j=0}^{m} a_j x_i^j \right)^2$$

重回帰係数 a_j $(j = 0, \cdots, m)$ で偏微分することによりつぎの連立方程式が得られる。ここでは，行列表現で表すことにする。

$$
\begin{bmatrix}
n & \sum_{i=1}^{n} x_i & \cdots & \sum_{i=1}^{n} x_i^m \\
\sum_{i=1}^{n} x_i & \sum_{i=1}^{n} x_i^2 & \cdots & \sum_{i=1}^{n} x_i^{m+1} \\
\vdots & \vdots & \ddots & \vdots \\
\sum_{i=1}^{n} x_i^m & \sum_{i=1}^{n} x_i^{m+1} & \cdots & \sum_{i=1}^{n} x_i^{2m}
\end{bmatrix}
\begin{bmatrix} a_0 \\ a_1 \\ \vdots \\ a_m \end{bmatrix}
=
\begin{bmatrix}
\sum_{i=1}^{n} y_i \\
\sum_{i=1}^{n} x_i y_i \\
\vdots \\
\sum_{i=1}^{n} x_i^m y_i
\end{bmatrix}
$$

◇

最小二乗法によって回帰分析を行う場合，データの中に**はずれ値**（回帰式から大きく外れているデータ）があると近似式が大きな影響を受けてしまう。この影響を軽減するために，**ロバスト推定**を利用した**重み付き最小二乗法**があるが，ここでは取り扱わないことにする。

コーヒーブレイク

n 種類のデータ x_i $(i = 1, \cdots, n)$ が与えられたとき，それらのデータの関係をつぎのような 1 次式で近似して，分析を行うことを**重回帰分析**という。また，この式のことを**重回帰式**，係数 a_0 を**定数項**，係数 a_i $(i = 1, \cdots, n)$ を**偏回帰係数**という。

$$y = a_0 + a_1 x_1 + a_2 x_2 + \cdots + a_n x_n$$

重回帰分析の式を 1 変数にした場合の分析を**単回帰分析**（または**直線回帰分析**）という。

$$y = a_0 + a_1 x_1$$

最小二乗法を扱った書籍では，単回帰分析の係数決定法として最小二乗法を利用する説明が多い。本章で示したように最小二乗法は，回帰分析で扱われている近似式以外にも利用することがあるので，回帰分析と最小二乗法ということばを混同しないようにしよう。

5.3 主成分分析

データ解析を行うときそれぞれのデータがある程度の相関をもっている場合

が多い。そのようなデータを解析するときにすべての変数を用いるのではなく，低い次元の合成関数を用いてデータのばらつきを検討したい場合がある。そのようなときに利用されるのが主成分分析である。

5.3.1　主成分とは

いま実験により 10 個のデータを取り，各データには四つの数値項目（変数）x_1，x_2，x_3，x_4 が含まれていたとする。実験から得られるデータを比較するときには，x_1 と x_2，x_1 と x_3 のように 2 変数ずつを選び，それぞれの変数の相関を見ながらデータのばらつきについて検討を行う。しかし，変数の数が多い場合には組合せの数が多くなり，より低い次元（少ない項目）でデータのばらつきを解釈することが要求される。そのためには，各変数を線形結合させた合成変数を用いて解釈する方法が有効であることが知られている。この合成変数のことを**主成分**（principal component）という。いま主成分を z とすると $x_1 \sim x_4$ の 4 変数についてはつぎのような主成分を定義することができる。

$$z = a_1x_1 + a_2x_2 + a_3x_3 + a_4x_4 \tag{5.21}$$

変数の数が n の場合には第 n 主成分まで計算することができ，各主成分は結合係数 $a_1, \cdots, a_n$ の値が異なっている。その結合係数は，各変数の相関係数行列の固有値を絶対値の大きな順に並べたものに対応している。

主成分分析では，より低い次元での解析をすることが目的である。変数の数が n 個の場合に主成分も n 個になってしまうので，そのまま使ったのではまったく意味がない。そこで主成分のうちいくつかを選択して，選ばれた主成分だけによって分析を行うことになる。そのときの選択の基準としてあとで示す累積寄与率と因子負荷量というものがある。

5.3.2　分析の手順

それぞれのサンプルに対して p 個の変数をもつデータ $\boldsymbol{x}_i$ $(i = 1, \cdots, n)$ があるとする。いまサンプルの変数名を x_{ij} $(j = 1, \cdots, p)$ とする。

$$\boldsymbol{x}_i = [x_{i1} \ \ x_{i2} \ \ \cdots \ \ x_{ip}] \quad (i = 1, \cdots, n) \tag{5.22}$$

各変数が結果に及ぼす影響を等しくするために，標準化変数 $\boldsymbol{u}_i = [u_{ij}]$ $(j = 1, \cdots, p)$ を考える。ここで j 番目の変数の平均値を $\overline{x_j} = \sum_{k=1}^{n} x_{kj}/n$，標準偏差を s_j とすると次式を得る。

$$\boldsymbol{u}_i = [u_{i1} \ \ u_{i2} \ \ \cdots \ \ u_{ip}] \tag{5.23}$$

$$u_{ij} = \frac{x_{ij} - \overline{x_j}}{s_j} \quad (i = 1, \cdots, n, \ j = 1, \cdots, p) \tag{5.24}$$

式 (5.24) により各標準化変数は平均が 0，分散が 1 に規格化されている。

i 番目のサンプルの第 1 主成分の値（主成分得点）をつぎのようにおく。

$$z_{i1} = \sum_{j=1}^{p} a_j u_{ij} \tag{5.25}$$

すべての変数によるデータのばらつきを第 1 主成分に反映させるためには，分散 V_{z_1} が最大になる係数 a_j $(j = 1, \cdots, p)$ を求めればよい。式 (5.24) において u_{ij} の平均が 0 であることから z_{i1} の平均も 0 となっている。したがって，z_{i1} の分散を求める式は次式のように記述することができる。

$$V_{z_1} = \frac{1}{n-1} \sum_{i=1}^{n} z_{i1}^2$$

上式より分散を最大にする係数は，つぎの相関係数行列の第 1 固有値（最大固有値）λ_1 に対応する大きさ 1 の固有ベクトル $\boldsymbol{a} = [a_1, \cdots, a_p]^t$ であり，V_{z1} の最大値は λ_1 である。

$$\boldsymbol{R} = \begin{bmatrix} 1 & r_{x_1x_2} & \cdots & r_{x_1x_p} \\ r_{x_2x_1} & 1 & \cdots & r_{x_2x_p} \\ \vdots & \vdots & \ddots & \vdots \\ r_{x_px_1} & r_{x_px_2} & \cdots & 1 \end{bmatrix} \tag{5.26}$$

$$r_{x_ix_j} = \sum_{k=1}^{n} u_{ki} u_{kj} \tag{5.27}$$

この実対称係数行列の固有値や固有ベクトルは，ヤコビ法や累乗法を用いて求めることができる。第 2 主成分以降についても同様の手法で主成分得点を計算していくことができる。第 k 主成分は係数行列 R の第 k 固有値に対応する大きさ1の固有ベクトルである。

5.3.3 主成分の寄与率

p 個の変数があるとき主成分も p 個求めることができる。主成分分析はデータがもつ p 個の変数の線形結合を主成分として分析を行う方法であるから，それぞれの主成分がもとのデータをどの程度説明しているかを示す尺度が必要となる。その尺度として**寄与率**がある。第 k 主成分の最大値は第 k 固有値 λ_k であるから，寄与率は次式で表すことができる。

$$\frac{\lambda_k}{\displaystyle\sum_{i=1}^{p}\lambda_i} = \frac{\lambda_k}{p} \tag{5.28}$$

上式で固有値の性質から $\sum_{i=1}^{p}\lambda_i = \mathrm{tr}(\boldsymbol{R}) = p$ となる。また，寄与率を第1主成分から順に累積していったものを**累積寄与率**といい，第 k 主成分までの累積寄与率は次式のようになる。

$$\frac{\displaystyle\sum_{i=1}^{k}\lambda_i}{\displaystyle\sum_{i=1}^{p}\lambda_i} = \frac{\displaystyle\sum_{i=1}^{k}\lambda_i}{p} \tag{5.29}$$

固有値が1以上のものを選んだり，累積寄与率が80%を超えるということが主成分選択の基準としてよく用いられる。

5.3.4 因子負荷量

もとの各変数と各主成分の相関係数を**因子負荷量**という。因子負荷量は各主成分 z_k ともとの変数 x_i との相関 $r_{z_k x_i}$ を示すものである。第1主成分に対する因子負荷量は，第1主成分の固有値 λ_1 と主成分の変数係数 a_i $(i = 1, \cdots, p)$ を用いてつぎのように表すことができる。

$$r_{z_1 x_1} = \sqrt{\lambda_1}a_1, \quad \cdots, \quad r_{z_1 x_p} = \sqrt{\lambda_1}a_p \tag{5.30}$$

第2主成分以降も同様の計算により因子負荷量を求めることができる。なお，採用した主成分が何を表す指標であるのか意味づけする際に因子負荷量がよく用いられる。

例題 5.5　**表 5.3** のデータが得られたとき，それぞれのデータの標準化変数 u_1，u_2 の値および主成分 z_1，z_2 の得点を小数第 4 位まで求めよ。

表 5.3

x	5	6	4	2	5	8	10	4	7	9
y	55	40	30	25	45	70	90	25	45	75

【解答】　変数 x, y の標準化変数を u_1, u_2 とする。2 変数の場合には，第 1 主成分 z_1 および第 2 主成分 z_2 は，データの値に関係なくそれぞれつぎのように定まる。

$$z_1 = \frac{\sqrt{2}}{2}u_1 + \frac{\sqrt{2}}{2}u_2, \quad z_2 = \frac{\sqrt{2}}{2}u_1 - \frac{\sqrt{2}}{2}u_2$$

いずれが第 1 主成分となるかは，データの相関値の符号によって決まる。相関値が正の場合には第 1 式が第 1 主成分となり，相関値が負の場合には第 2 式が第 1 主成分となる。例題に示すデータは，正の相関値をもつので，第 1 式が第 1 主成分となっている。与えられたデータから標準化変数 u_1，u_2 の値と主成分得点 z_1，z_2 を求めると**表 5.4** のようになる。

表 5.4

u_1	u_2	z_1	z_2
−0.4009	0.2249	−0.1245	−0.4425
0.0000	−0.4497	−0.3180	0.3180
−0.8018	−0.8994	−1.2029	0.0691
−1.6036	−1.1243	−1.9289	−0.3389
−0.4009	−0.2249	−0.4425	−0.1245
0.8018	0.8994	1.2029	−0.0691
1.6036	1.7989	2.4059	−0.1381
−0.8018	−1.1243	−1.3619	0.2280
0.4009	−0.2249	0.1245	0.4425
1.2027	1.1243	1.6454	0.0554

◇

コーヒーブレイク

主成分分析による直線近似

主成分分析は，データがもつ情報から $f = a_1x_1 + a_2x_2$ のような形でサンプルの特徴量を計算する方法である。いま第 1 主成分 $f = a_1x_1 + a_2x_2$ を (x_1, x_2) 座標に表すと，傾き a_2/a_1 でデータの平均座標 $(\overline{x_1}, \overline{x_2})$ を通る直線となる。各サンプル点からの距離を最小にする直線が求まることから最小二乗法に代わって用いられることもある。

章　末　問　題

(1) **表 5.5** に示すデータを直線 $y = a_0 + a_1x$ で近似するとき，最小二乗法を用いて係数 a_0，a_1 を求めるプログラムを作成せよ。

表 **5.5**

x	0.0	1.0	2.0	3.0	4.0	5.0
y	10.2	12.0	15.7	17.0	20.5	22.4

(2) 変数の個数が p で，サンプルサイズが n のデータについて，第 1 主成分 z_1 の係数 a_i が相関係数行列の最大固有値に対応する大きさ 1 の固有ベクトルであることを示せ。

6 離散データ点の補間

実験で得られたデータ点の特徴を表す一つの方法は，5章で説明した最小二乗法である。最小二乗法は測定誤差をもつデータの特性を近似的に表す方法であったが，測定データの精度を信用して矛盾のないように**補間**（interpolation）（間の値を埋める）ということが必要な場合もある。特にデータが少ないときには，この方法で途中点の値を求めてデータに加えることがある。この章では，基礎的な補間法として，線形補間，ラグランジュ多項式による補間，スプライン補間について説明する。

6.1 線形補間

与えられたデータ点間を直線で補間する方法を**線形補間**（linear interpolation）という。データ点列を (x_i, y_i) $(i = 0, \cdots, n)$ とするとき図 **6.1** に示す (x_i, y_i) と (x_{i+1}, y_{i+1}) を結ぶ直線は次式で表すことができる。

$$y = y_i + \frac{y_{i+1} - y_i}{x_{i+1} - x_i}(x - x_i) \tag{6.1}$$

あるいは，つぎのように書き換えることもできる。

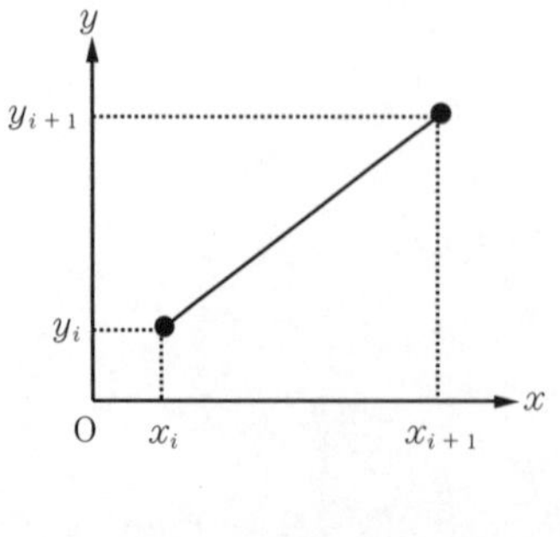

図 **6.1** 線形補間

$$y = \frac{y_{i+1} - y_i}{x_{i+1} - x_i}x - \frac{x_i y_{i+1} - x_{i+1} y_i}{x_{i+1} - x_i} \tag{6.2}$$

$$y = y_i \frac{x - x_{i+1}}{x_i - x_{i+1}} + y_{i+1} \frac{x - x_i}{x_{i+1} - x_i} \tag{6.3}$$

この式を用いることによって (x_i, y_i) と (x_{i+1}, y_{i+1}) の間の値を計算して，もとのデータに補う。線形補間によって補間されたデータにはつぎのような誤差特徴があるので覚えておこう。

(1)　もとデータの値 (x_i, y_i) の近傍では誤差が少ない。

(2)　もとデータどうしの中点では誤差が大きい。

(3)　補間に用いるデータ点間隔が広ければ誤差は大きくなる。

(4)　データ点の近似曲線の曲率が大きいほど誤差が大きくなる。

上記の誤差特徴から，データの変化が小さい場合には精度もよく非常に有効な手法である。変化の大きなデータに対してはデータ点間を狭くする必要があり，場合によっては必ずしもよい方法とはいえない。

例題 *6.1*　表 ***6.1*** の各データ点間を線形補間する直線の式を求めよ。

表 ***6.1***

x	0	2	5	6
y	0	3	2	4

【解答】　線形補間により，各データ点間を計算する式はつぎのようになる。

$$y = 0 + \frac{3-0}{2-0}(x-0) = \frac{3}{2}x \quad (0 < x < 2)$$

$$y = 3 + \frac{2-3}{5-2}(x-2) = -\frac{1}{3}x + \frac{11}{3} \quad (2 < x < 5)$$

$$y = 2 + \frac{4-2}{6-5}(x-5) = 2x - 8 \quad (5 < x < 6)$$

◇

6.2 ラグランジュ多項式による補間

線形補間はデータ点間を1次関数で近似したために中間点での誤差が大きくなる。その点を改善するためにはデータ点間を高次多項式で近似すればよい。近似をする場合にすぐに思いつくのはつぎのような多項式である。

$$y = \sum_{i=0}^{n} a_i x^i \tag{6.4}$$

データ点列を (x_i, y_i) $(i = 0, \cdots, n)$ とするとき，この多項式の係数 a_i を求めるには，つぎの連立方程式を a_i について解けばよい。

$$\begin{bmatrix} y_0 \\ y_1 \\ \vdots \\ y_n \end{bmatrix} = \begin{bmatrix} 1 & x_0 & \cdots & x_0^n \\ 1 & x_1 & \cdots & x_1^n \\ \vdots & \vdots & \ddots & \vdots \\ 1 & x_n & \cdots & x_n^n \end{bmatrix} \begin{bmatrix} a_0 \\ a_1 \\ \vdots \\ a_n \end{bmatrix} \tag{6.5}$$

しかし，この方法を用いるとデータ点が増えるにしたがい，連立方程式の次数が大きくなってしまう。このような不具合に対して改良された方法がいくつかある。その一つに**基底関数**によって補間する方法がある。この方法は，データ点 (x_i, y_i) $(i = 0, \cdots, n)$ が与えられたとき，データ点間の補間多項式として基底関数 $N_i(x)$ を用いてつぎのように表す方法である。

$$y = \sum_{i=0}^{n} y_i N_i(x) \tag{6.6}$$

高次多項式を用いる補間としてよく知られている多項式に，**ラグランジュ多項式**（Lagrange polynomial）がある。ラグランジュ多項式はつぎの基底関数 $N_i(x)$ を用いている。

$$N_i(x) = \prod_{\substack{j=0 \\ j \neq i}}^{n} \frac{x - x_j}{x_i - x_j} \tag{6.7}$$

上式で $\prod_{j=0}^{n} y_j$ は y_0 から y_n までの積を表す。これよりラグランジュ多項式による補間はつぎのように表される。

$$y = \sum_{i=0}^{n} y_i N_i(x)$$
$$= \sum_{i=0}^{n} y_i \frac{(x - x_0)\cdots(x - x_{i-1})(x - x_{i+1})\cdots(x - x_n)}{(x_i - x_0)\cdots(x_i - x_{i-1})(x_i - x_{i+1})\cdots(x_i - x_n)}$$

ラグランジュ補間の欠点

ラグランジュ多項式による補間では，端点（データ点の両端）近くで補間曲線が必要以上に膨らんだ軌道となる**ルンゲ**（Runge）**の現象**が起こることが知られている。特にルンゲの現象は，**図 *6.2*** のように端点付近で数値データが直線的に並んだ場合や数値が急激な（不連続な）ジャンプをした場合などに起こるので，端点や不連続点付近のデータの与え方などに工夫をする必要がある。

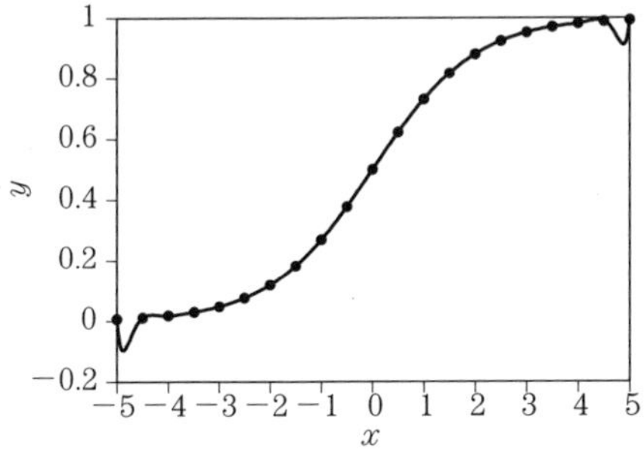

図 ***6.2*** ラグランジュ補間

例題 *6.2* 表 ***6.2*** の各データ点間を補間するラグランジュ多項式を求めよ。

表 ***6.2***

x	0	2	5	6
y	0	3	2	4

【解答】 ラグランジュ多項式の基底関数はつぎのようになる。

$$N_0(x) = \frac{(x-2)(x-5)(x-6)}{(0-2)(0-5)(0-6)} = -\frac{1}{60}(x^3 - 13x^2 + 42x - 60)$$

$$N_1(x) = \frac{(x-0)(x-5)(x-6)}{(2-0)(2-5)(2-6)} = \frac{1}{24}(x^3 - 11x^2 + 30x)$$

$$N_2(x) = \frac{(x-0)(x-2)(x-6)}{(5-0)(5-2)(5-6)} = -\frac{1}{15}(x^3 - 8x^2 + 12x)$$

$$N_3(x) = \frac{(x-0)(x-2)(x-5)}{(6-0)(6-2)(6-5)} = \frac{1}{24}(x^3 - 7x^2 + 10x)$$

各データ点を通るラグランジュ多項式はつぎのようになる。

$$\begin{aligned} y &= 0N_0(x) + 3N_1(x) + 2N_2(x) + 4N_3(x) \\ &= \frac{1}{120}\left(19x^3 - 177x^2 + 458x\right) \end{aligned}$$

◇

6.3 スプライン補間

ラグランジュ補間での不具合は，データ点列を一つの多項式で表現しようとすることに起因する。また，ラグランジュ補間法はデータ点の数が増えるにしたがい，多項式の次数が増えてしまう。このような問題を解決する方法として，**スプライン法**が提案されている。スプライン法にもいくつかの手法があるが，ここでは **B スプライン法**について説明する。ほかにも標準的手法として有名なものがあるが，他書に委ねることにする。

6.3.1 B スプライン

B スプラインというのは，スプライン関数の基底関数の一つである。B スプラインを基底関数とするスプラインにもいくつかあり，与えられたデータ点を通るものと与えられたデータ点に対して近似的に曲線を求めるものがある。ここではすべてのデータ点を通るスプライン曲線の計算方法について説明する。B スプラインを説明する前に，スプラインのもとになっている切断べき関数について説明する。図 ***6.3*** に示すような M 次の切断べき関数はつぎのように定義される。

$$y = (x - q_i)_+^M = \begin{cases} 0 & (x < q_i) \\ (x - q_i)^M & (q_i \leq x) \end{cases} \tag{6.8}$$

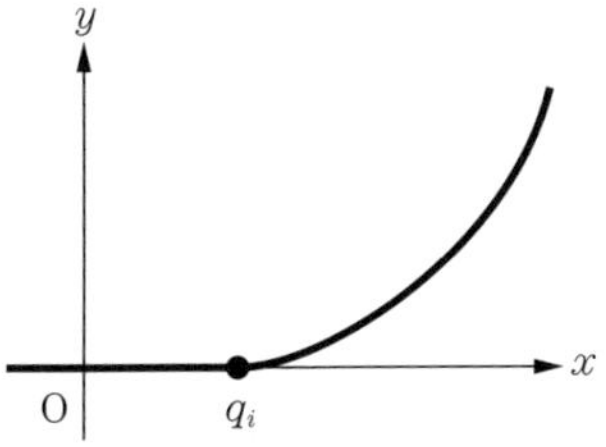

図 6.3 切断べき関数

式 (6.8) において q_i を節点といい，関数が切り替わる点を意味する。B スプラインでは，節点は与えられたデータ点の位置とは異なる場合が多い。N 個の節点 q_i $(i = 0, \cdots, N-1)$ を通る M 次のスプライン関数 $s(x)$ は，切断べき関数を用いてつぎのように表すことができる。

$$s(x) = p(x) + \sum_{i=0}^{N-1} \alpha_i (x - q_i)_+^M$$

与えられた全データ点を結ぶスプライン関数について，各節点間ごとの関数を考えるとつぎのようになる。

$$\begin{array}{ll} x \leqq q_0 & p(x) \\ q_0 \leqq x \leqq q_1 & p(x) + \alpha_0 (x - q_0)_+^M \\ q_1 \leqq x \leqq q_2 & p(x) + \alpha_0 (x - q_0)_+^M + \alpha_1 (x - q_1)_+^M \\ \vdots & \vdots \end{array}$$

このときの各節点を結ぶ式を表現するために考えられた基底関数が B スプラインである。いま N 個のデータ点に対して $(K-1)$ 次のスプライン関数 $s(x)$ を考える。B スプライン $B_{i,K}(x)$ を基底関数とすると，スプライン関数はつぎの 1 次結合で表すことができる。

$$s(x) = \sum_{i=0}^{N-1} \alpha_i B_{i,K}(x)$$

したがって，スプライン関数を求めるということは，各節点間の基底関数となる B スプラインを求めることに帰着できる。各節点間の B スプラインは，次式で求めることができる。

$$B_{i,K}(x) = (-1)^K (q_{i+K} - q_i) \sum_{j=0}^{K} \left\{ \frac{(x - q_{i+j})_+^{K-1}}{p(q_{i+j})} \right\} \tag{6.9}$$

$$p(q_i) = \prod_{\substack{j=0 \\ j \neq i}}^{K} (q_i - q_j) \quad (i = 0, \cdots, K)$$

最も基本的な基底関数として，0 次の B スプライン $B_{i,1}(x)$ を求めるとつぎのようになる。

$$\begin{aligned} B_{i,1}(x) &= -(q_{i+1} - q_i) \left\{ \frac{(x - q_i)_+^0}{(q_i - q_{i+1})} + \frac{(x - q_{i+1})_+^0}{(q_{i+1} - q_i)} \right\} \\ &= \{(x - q_i)_+^0 - (x - q_{i+1})_+^0\} \end{aligned} \tag{6.10}$$

式 (6.10) を整理するとつぎのようになる。

$$B_{i,1}(x) = \begin{cases} 1 & (q_i \leqq x < q_{i+1}) \\ 0 & (x < q_i,\ q_{i+1} \leqq x) \end{cases} \tag{6.11}$$

式 (6.9) を用いて，任意の次数の B スプライン基底関数を求めることはできるが，人の手によって求めるのは多くの労力を必要とする。B スプラインを効率よく求める方法として，**ドヴァ・コックス**（de Boor-Cox）**の漸化式**がよく知られている。ドヴァ・コックスの漸化式はつぎのように表される。

$$B_{i,K}(x) = \frac{x - q_i}{q_{i+K-1} - q_i} B_{i,K-1}(x) + \frac{q_{i+K} - x}{q_{i+K} - q_{i+1}} B_{i+1,K-1}(x) \tag{6.12}$$

式 (6.11) を初期値として，上記の漸化式により高次の B スプラインを求めることができる。ドヴァ・コックスの漸化式によって得られる B スプラインの例を図 **6.4** に示す。図には 0 次の B スプラインから 3 次の B スプラインまでが表示されている。図からわかるように 0 次の B スプラインを求めるためには二つの節点が必要であり，3 次の B スプラインを求めるためには五つの節点が必要となる。節点数が不足しているときには結果を得ることができない。したがって，B スプライン補間の次数を決定すると最低限必要なデータ点数も決まるということを知っておこう。

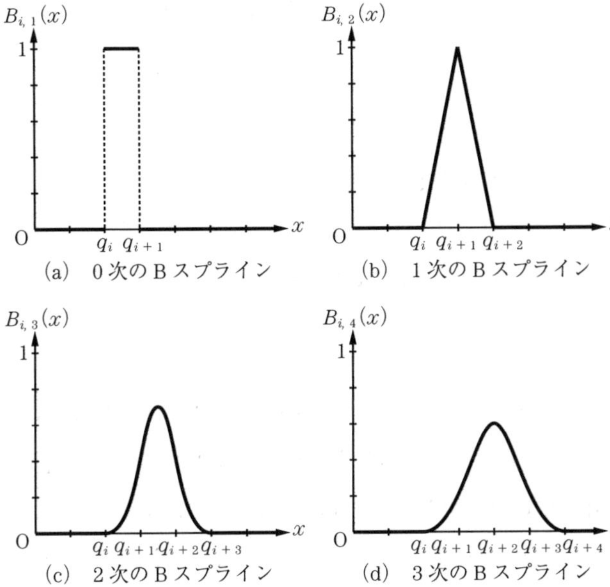

図 **6.4** Bスプライン

例題 6.3 三つの節点を q_i，q_{i+1}，q_{i+2} とするとき，Bスプラインの定義式をもとにして1次のBスプライン $B_{i,2}(x)$ を求めよ。このとき0次のBスプライン $B_{i,1}(x)$ を用いてつぎの形式で表現すること。

$$B_{i,2}(x) = \alpha_1 B_{i,1}(x) + \alpha_2 B_{i+1,1}(x)$$

【解答】 1次のBスプラインは，定義式からつぎのようになる。

$$B_{i,2}(x) = \frac{(x-q_i)_+}{(q_{i+1}-q_i)} - \frac{(x-q_{i+1})_+(q_{i+2}-q_i)}{(q_{i+1}-q_i)(q_{i+2}-q_{i+1})} + \frac{(x-q_{i+2})_+}{(q_{i+2}-q_{i+1})}$$

この式はつぎのようにまとめることができる。

$$B_{i,2}(x) = \begin{cases} \dfrac{x-q_i}{(q_{i+1}-q_i)} & (q_i \leqq x < q_{i+1}) \\ \dfrac{q_{i+2}-x}{(q_{i+2}-q_{i+1})} & (q_{i+1} \leqq x < q_{i+2}) \\ 0 & (x < q_i,\ q_{i+2} \leqq x) \end{cases}$$

上式は0次のBスプライン $B_{i,1}(x)$ を用いてつぎのように表すことができる。

$$B_{i,2}(x) = \frac{x-q_i}{q_{i+1}-q_i} B_{i,1}(x) + \frac{q_{i+2}-x}{q_{i+2}-q_{i+1}} B_{i+1,1}(x)$$

得られた式はドヴァ・コックスの漸化式において $K=2$ とした式になっている。

◇

6.3.2 B スプラインの計算方法

ここでは，データ点が与えられたときのBスプラインを計算する方法について示す。いま，N 個のデータ点 (x_i, y_i) $(i=0,\cdots,N-1)$ が与えられたとする。Bスプラインはつぎの手順で計算される。

(1) 節点の決定

ここで示すBスプラインは，与えられたすべてのデータ点を通るものである。Bスプラインは節点間を結ぶ基底関数であるが，与えられたデータ点とBスプラインの節点は一般的には異なる点である。したがって，データ点をもとにして**節点**を求めなければならない。Bスプラインの節点は，つぎの条件を満たす必要があることが知られている。

$$
\begin{aligned}
&q_0 < x_0 < q_{0+K}\\
&q_1 < x_1 < q_{1+K}\\
&\qquad\vdots\\
&q_{N-1} < x_{N-1} < q_{N-1+K}
\end{aligned}
$$

この条件は，**シェーンバーグ・ホイットニ**（Shönberg-Whittny）**の条件**と呼ばれている。この条件に合うようにいろいろな節点計算法が提案されているが，簡単のために以下のように節点を決めることが多い。

$$
\begin{aligned}
&q_0 = q_1 = \cdots = q_{K-1} = x_0\\
&q_{i+K} = \frac{x_i + x_{i+K}}{2} \quad (i=0,1,\cdots,N-1-K)\\
&q_N = q_{N+1} = \cdots = q_{N+K-1} = x_{N-1}
\end{aligned}
$$

節点 $q_0, q_1, \cdots, q_{K-1}$ および $q_N, q_{N+1}, \cdots, q_{N+K-1}$ のことを**付加節点**と呼んでいる。それに対して節点 q_{i+K} $(i=0,1,\cdots,N-1-K)$ を**内部節点**と呼んでいる。

(2) 係数 α_i の計算

スプライン関数は，B スプラインを用いてつぎのように表される。

$$s(x) = \sum_{i=0}^{N-1} \alpha_i B_{i,K}(x)$$

また，$s(x_i) = y_i$ であることからつぎの連立方程式を得ることができる。

$$\begin{aligned}
\alpha_0 B_{0,K}(x_0) + \cdots + \alpha_{N-1} B_{N-1,K}(x_0) &= y_0 \\
\alpha_0 B_{0,K}(x_1) + \cdots + \alpha_{N-1} B_{N-1,K}(x_1) &= y_1 \\
&\vdots \\
\alpha_0 B_{0,K}(x_{N-1}) + \cdots + \alpha_{N-1} B_{N-1,K}(x_{N-1}) &= y_{N-1}
\end{aligned}$$

この連立方程式をガウスの消去法などを用いて解くことにより，スプライン関数の係数 α_i を計算することができる。

(3) 補間点の計算

スプライン関数の係数 α_i が求まったので，それを用いて補間点の計算を行う。計算には再度つぎの式を用いる。ただし，次式における B スプラインの値は，必要とする変数 x の値それぞれについて計算しなければならない。

$$s(x) = \sum_{i=0}^{N-1} \alpha_i B_{i,K}(x)$$

x の補間点を 100 点取ったとすれば，上式を 100 回計算しなければならない。現在のコンピュータの処理能力を考えれば，補間点を多く取ったとしても計算にはそれほど多くの時間を費やさない。

6.3.3 多価関数に対応した B スプライン

これまでの説明は，データ点列を 1 価関数として表すことができる場合についての説明であった。データ点は多価関数になる場合もある。つまり，xy 平面で考えると，x と y を分離することができず，$f(x, y) = 0$ という形式で表される場合である。このような場合については，x と y が独立であるという条件のもとで，それぞれをパラメータ t で表すことにする。

$$x = x(t)$$
$$y = y(t)$$

この場合には，N 個のデータ点すべてについて，その点におけるパラメータの値 t_i を必要とする。簡単のためには，パラメータの値は $t_i = i$ $(i = 0, \cdots, N-1)$ とする。シェーンバーグ・ホイットニの条件を考慮して，節点をつぎのように決定する。

$$q_0 = q_1 = \cdots = q_{K-1} = 0$$
$$q_{i+K} = \frac{t_i + t_{i+K}}{2} = i - 1 + \frac{K}{2} \quad (i = 0, 1, \cdots, N-1-K)$$
$$q_N = q_{N+1} = \cdots = q_{N+K-1} = N - 1$$

それぞれの変数について，つぎのようにスプライン関数で表す。また，各データ点を通過するということから，$x(t_i) = x_i$，$y(t_i) = y_i$ として連立方程式を作る。連立方程式をガウスの消去法などによって解くことにより，α_i，β_i を求めることができる。

$$x(t) = \sum_{i=0}^{N-1} \alpha_i B_{i,K}(t)$$

$$y(t) = \sum_{i=0}^{N-1} \beta_i B_{i,K}(t)$$

このように B スプラインをパラメータ表現したものをパラメトリック B スプラインという。与えられたデータ点が同じであってもデータ点に対応するパラメータ t_i の値が違うと補間点は異なってしまう。パラメータの与え方としていくつかの方法が提案されているが，どの方法がよいかはデータ点列の特徴に依存する。ここでは，パラメータの与え方については深く言及しないが，データ補間を行うときには必ず検討することにしよう。

章　末　問　題

(1) 表 ***6.3*** に示すデータに対して線形補間法によりデータ点列の補間を行うプログラムを作成せよ。ただし補間の際の間隔は x データの間隔の 1/10 とする。

表 ***6.3***

x	−4.0	−3.5	−3.0	−2.5	−2.0	−1.5	−1.0	−0.5	0.0
y	0.0	0.1	0.4	0.9	1.6	2.5	3.6	4.9	6.4
x	0.5	1.0	1.5	2.0	2.5	3.0	3.5	4.0	
y	11.3	14.9	17.4	19.0	19.9	20.3	20.4	20.4	

(2)　表 ***6.4*** のデータに対してラグランジュ多項式を用いて補間するプログラムを作成せよ。ただし補間の際の間隔は x データの間隔の 1/10 とする。

表 ***6.4***

x	−5	−4.5	−4	−3.5	−3	−2.5	−2
y	0.006 6	0.010 98	0.017 9	0.029 3	0.047 42	0.075 8	0.119 2
x	−1.5	−1	−0.5	0	0.5	1	1.5
y	0.182 4	0.268 9	0.377 5	0.5	0.622 4	0.731 0	0.817 5
x	2	2.5	3	3.5	4	4.5	5
y	0.880 7	0.924 1	0.952 5	0.970 6	0.982 0	0.989 0	0.993 3

7
時系列データの周波数解析

時系列データから特徴を取り出す方法として，前章までに数式で近似するということを説明した。研究によっては，数式ばかりでなく時系列信号の周波数成分を取り出すことも必要な場合がある。周波数成分を計算する基本的な方法は，離散的フーリエ変換である。その計算効率を上げて実用的にしたものとして高速フーリエ変換がある。この章では，離散的フーリエ変換と高速フーリエ変換のそれぞれについて説明する。

7.1 フーリエ級数から離散的フーリエ変換へ

7.1.1 フーリエ級数

いま連続系の周期関数を $x(t)$ とする。**フーリエ級数展開**は周期関数がどのような周波数成分を含んでいるかを調べる方法である。もともとの連続関数が**周期性**を持っていなければならないというのが，フーリエ級数展開の前提となっている。いま関数の周期が T（区間 $[0,T]$）であるとすると，周期関数 $x(t)$ はつぎのようにフーリエ級数展開することができる。

$$x(t) = \frac{a_0}{2} + \sum_{n=1}^{\infty} \left(a_n \cos \frac{2\pi nt}{T} + b_n \sin \frac{2\pi nt}{T} \right) \tag{7.1}$$

式 (7.1) の各係数は，つぎのように求めることができる。

$$a_n = \frac{2}{T} \int_0^T x(t) \cos \frac{2\pi nt}{T} dt \tag{7.2}$$

$$b_n = \frac{2}{T} \int_0^T x(t) \sin \frac{2\pi nt}{T} dt \tag{7.3}$$

また，上式を複素指数関数で表現するとつぎのようになる。

$$x(t) = \sum_{n=-\infty}^{\infty} c_n e^{j2\pi nt/T} \tag{7.4}$$

式 (7.4) の複素係数 c_n はつぎのように表される。

$$c_n = \frac{1}{T}\int_0^T x(t) e^{-j2\pi nt/T} dt = \frac{a_n}{2} - j\frac{b_n}{2} \tag{7.5}$$

例題 7.1　つぎの四角波（矩形波）をフーリエ級数展開により正弦波の級数で表せ。

$$f(t) = \begin{cases} 0, & \left(-\pi \leqq t < -\dfrac{\pi}{2},\ \dfrac{\pi}{2} \leqq t < \pi\right) \\ 1, & \left(-\dfrac{\pi}{2} \leqq t < \dfrac{\pi}{2}\right) \end{cases}$$

【解答】　問題の四角波（矩形波）を図示すると図 **7.1** のようになる。

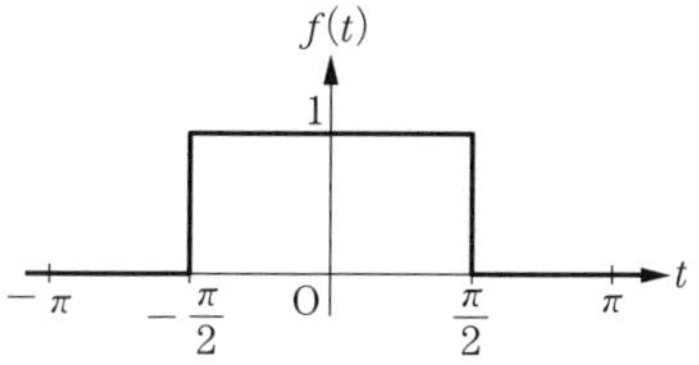

図 **7.1**　時系列データ

この波形に対してフーリエ係数の公式を用いるとつぎの結果が得られる。

$$a_0 = 1$$

$$a_n = \begin{cases} \dfrac{2}{n\pi}\sin\dfrac{n\pi}{2} & (n\text{ が奇数}) \\ 0 & (n\text{ が偶数}) \end{cases}$$

$$b_n = 0 \quad (n = 1, \cdots)$$

これよりフーリエ級数はつぎのようになる。

$$\begin{aligned} f(t) &= \frac{1}{2} + \frac{2}{\pi}\sum_{k=1}^{\infty}\left(\frac{1}{2k-1}\sin\frac{(2k-1)\pi}{2}\right)\cos(2k-1)t \\ &= \frac{1}{2} + \frac{2}{\pi}\left\{\cos t - \frac{1}{3}\cos 3t + \frac{1}{5}\cos 5t - \frac{1}{7}\cos 7t + \cdots\right\} \end{aligned}$$

◇

例題 7.2　つぎの四角波（矩形波）を複素フーリエ級数展開せよ。

$$f(t) = \begin{cases} 0 & \left(-\pi \leqq t < -\dfrac{\pi}{2},\ \dfrac{\pi}{2} \leqq t < \pi\right) \\ 1 & \left(-\dfrac{\pi}{2} \leqq t < \dfrac{\pi}{2}\right) \end{cases}$$

【解答】　この四角波を図示すると先の例題の図 **7.1** のようになる。この波形に対して複素フーリエ係数の公式を用いるとつぎの結果が得られる。

$$c_0 = \frac{1}{2}$$

$$c_n = \begin{cases} \dfrac{1}{n\pi} \sin \dfrac{n\pi}{2} & (n \text{ が奇数}) \\ 0 & (n \text{ が偶数}) \end{cases}$$

これよりフーリエ級数はつぎのようになる。

$$f(t) = \frac{1}{2} + \sum_{k=-\infty}^{\infty} \frac{1}{(2k-1)\pi} \sin \frac{(2k-1)\pi}{2} e^{j(2k-1)t}$$

◇

7.1.2　フーリエ級数展開における注意点

フーリエ級数展開を行う際に気をつけなければならないことがある。

(1)　フーリエ級数の周期性は，もともとの関数によって決まるのではなく，計算するときに選んだ周期 T_0 の値で決まってしまう。時刻 0 から T_0 までの範囲の波形が繰り返されるとしてフーリエ級数が求まってしまう。離散的フーリエ変換でも同じことが問題となるので，周期 T_0 の選び方と結果との関係については必ず検討することにしよう。

(2)　フーリエ級数展開では，周期 T_0 から得られる基本周波数 $f_0(=1/T_0)$ の整数倍の周波数（高調波）についての数値解析を行っているので，基本波と整数比にない成分を含む場合には，予想と違う結果が出てしまう場合がある。

7.1.3　離散的フーリエ変換

離散的フーリエ変換を説明する前に，連続関数のフーリエ変換について説明する。いま連続関数を $x(t)$ とする。フーリエ変換は周期関数がどのような周波数成分を含んでいるかを調べる方法である。*7.1.1* 項で説明したフーリエ級数展開の複素周波数表現について，周波数 f が連続量であるとして式を書き直すとつぎのようになる。

$$X(f) = \int_{-\infty}^{\infty} x(t)e^{-j2\pi ft}dt \tag{7.6}$$

$$x(t) = \frac{1}{2\pi}\int_{-\infty}^{\infty} X(f)e^{j2\pi ft}df \tag{7.7}$$

式 (7.6) をフーリエ変換，式 (7.7) を**フーリエ逆変換**という。離散的フーリエ変換対は，式 (7.6) (7.7) を**離散時間波形**に対応する式に変換したものである。

ここで離散時間波形というのは，連続波形をサンプリングした波形なので，**図 7.2** に示すように時間軸について飛び飛びの値になっており，整数値（サンプルの順番）だけで示すことも多い。しかし x_n 軸については連続的な値をもっている。フーリエ級数展開と同様に，離散的フーリエ変換でもある時間帯の信号が繰り返すと仮定している。したがって，どの時間間隔を信号の代表値として選ぶかが重要であるが，ここでは触れないことにする。

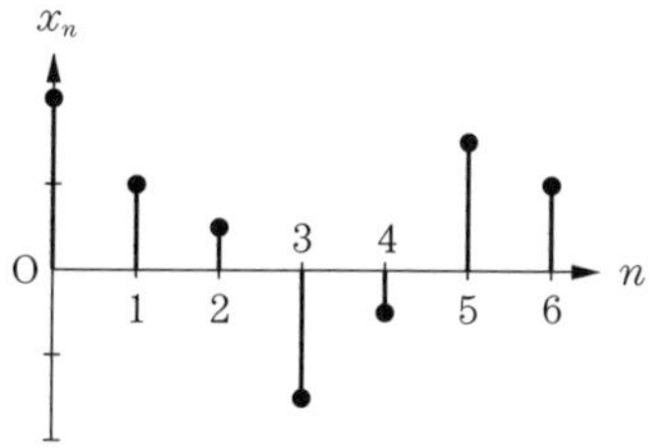

図 7.2 時系列データ

いま時間軸 0〜T_0 について，時間関数 $x(t)$ のサンプル値系列 $x_p = x(pT_0/N)$ $(p = 0, \cdots, N-1)$ とすると，サンプル値系列 x_p と周波数関数 $X(k)$ との間にはつぎの関係がある。このとき N の値は偶数とする。

$$X(k) = \sum_{p=0}^{N-1} x_p e^{-j2\pi pk/N} \tag{7.8}$$

$$x_p = \frac{1}{N}\sum_{k=-N/2}^{N/2-1} X(k)e^{j2\pi pk/N} \tag{7.9}$$

このとき，式 (7.8) を**離散的フーリエ変換**（discrete Fourier transform, **DFT**），式 (7.9) を**離散的フーリエ逆変換**（inverse discrete Fourier transform, **IDFT**）という。

7.1.4 離散的フーリエ変換の注意点

式 (7.8) からわかるように，離散的フーリエ変換を計算すると実部 $X_{re}(k)$ と虚部 $X_{im}(k)$ が現れる。

$$X(k) = X_{re}(k) + jX_{im}(k) \tag{7.10}$$

周波数 k の成分の振幅 $X_{mag}(k)$ はつぎのようになる。

$$X_{mag}(k) = |X(k)| = \sqrt{X_{re}(k)^2 + X_{im}(k)^2} \tag{7.11}$$

また，信号成分 $X(k)$ の位相 $X_{\phi}(k)$ はつぎのようになる。

$$X_{\phi}(k) = \tan^{-1}\left(\frac{X_{im}(k)}{X_{re}(k)}\right) \tag{7.12}$$

フーリエ変換で重要なのは，信号がどのような周波数成分を持つかということであるから，周波数成分とフーリエ係数とを一つのグラフに表すことが必要となる。もちろん実部と虚部を別々に表示することもできるが，つぎのように振幅だけに注目して 2 乗和 $X_{PS}(k)$ として表す場合が多い。この 2 乗和のことを**パワースペクトル**（power spectrum）という。

$$X_{PS}(k) = X_{re}(k)^2 + X_{im}(k)^2 \tag{7.13}$$

図 7.3 にパワースペクトルの一例を示す。このパワースペクトルは，例題 **7.1** の矩形波において，1 周期について 64 点のサンプリングを行って離散的フーリエ変換を行った結果である。ここでは 64 点のサンプリングをした場合の計算を行ったが，実際にはサンプリング周波数（あるいはサンプリング間隔）を決めることによってサンプリング数が決まる。離散的フーリエ変換を行う際に注意して欲しい点がいくつかあるので，それらをつぎにまとめておこう。

性質 1 パワースペクトル図の横軸の数値 k は，実際の周波数ではなく基本周波数に対する倍率を表している。$k = 0$ は直流成分（バイアス），$k = 1$

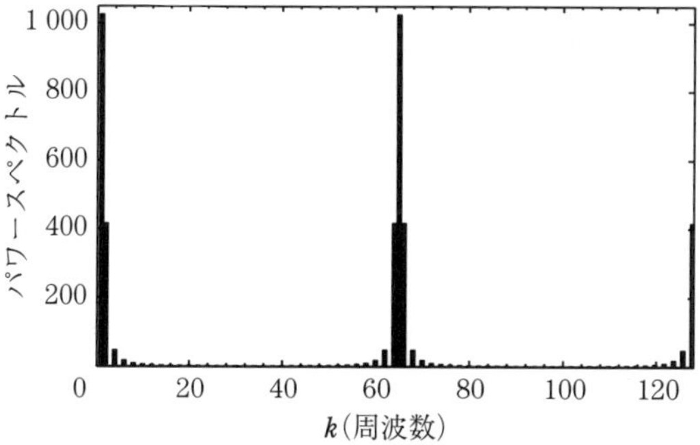

図 **7.3**　パワースペクトル

は基本周波数を表す。基本周波数 f_0 は総サンプリング時間 T の逆数 $f_s = 1/T$ であり，実際の信号の基本周波数とは違っている。

性質 2　パワースペクトルの図では，$k = 0$ からサンプリング周波数 f_s までの特性が，それ以上の大きさの周波数帯でも繰り返し現れる。サンプリング周波数は，サンプリング間隔を T_s とすると $f_s = 1/T_s$ となっている。

性質 3　パワースペクトルの図において，$k = 0$ からサンプリング周波数 f_s の範囲内での特性に注目すると，$f_s/2$（**ナイキスト周波数**という）の値を中心として折り返された特性となっている。

性質 4　**標本化定理**（**サンプリング定理**）より，離散的フーリエ変換した結果で意味のある部分は $f_s/2$ 以下の部分である。それ以上の周波数特性は，計算上出てきたものであり，一般的には利用しない。

性質 5　離散的フーリエ変換を行う場合のサンプリング周波数には，扱っている信号の周波数に対して十分に高い周波数を用いたほうがよい。サンプリング定理では，扱う周波数の 2 倍以上となっているが，もっと高い周波数を利用したほうがよい。

性質 6　離散的フーリエ変換（DFT）の計算をする場合にはサンプル数はどのような値を利用してもよいが，あとで記述する高速フーリエ変換（FFT）の計算する場合にはサンプル数は 2^n の値でなければならない。

7.2 高速フーリエ変換

離散的フーリエ変換（DFT）を使うことによって時系列信号に含まれる周波数特性の解析を行うことはできるが，時系列が長くなるにしたがって計算時間が膨大になる。特別な理由がなければ実際の研究では，離散的フーリエ変換のアルゴリズムを高速化した**高速フーリエ変換**（fast Fourier transform, **FFT**）を利用することが多い。高速フーリエ変換には，アルゴリズムの改良方法によって**時間間引き型 FFT** と**周波数間引き型 FFT** の 2 種類がある。ここでは，それぞれの方法について説明する。

7.2.1 時間間引き型 FFT

離散的フーリエ変換は，$W_N = e^{-j(2\pi/N)}$ とすると次式で表すことができる。W_N は図 **7.4** に示すように周期的な値をとるので，**回転因子**と呼ばれている。

$$X_k = \sum_{n=0}^{N-1} x_n W_N^{nk} \tag{7.14}$$

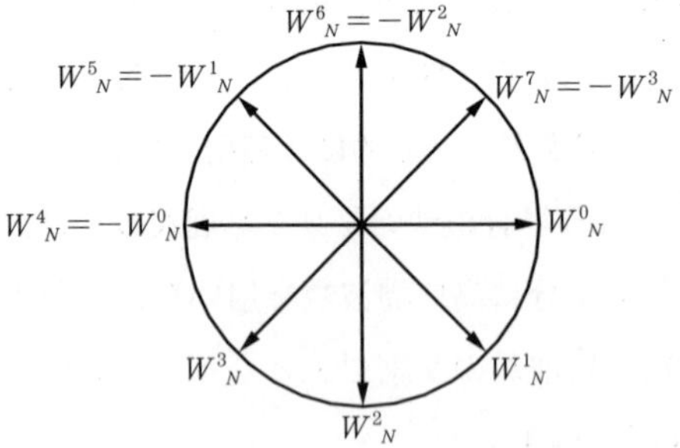

図 **7.4**　回転因子

時間間引き型アルゴリズムは，時系列データ数 N が 2 の整数のべき乗 $N = 2^m$ である場合について計算する方法であるため，N は必ず偶数になるから，時系列データ x_n を偶数番目と奇数番目のものにわけて計算を行う。

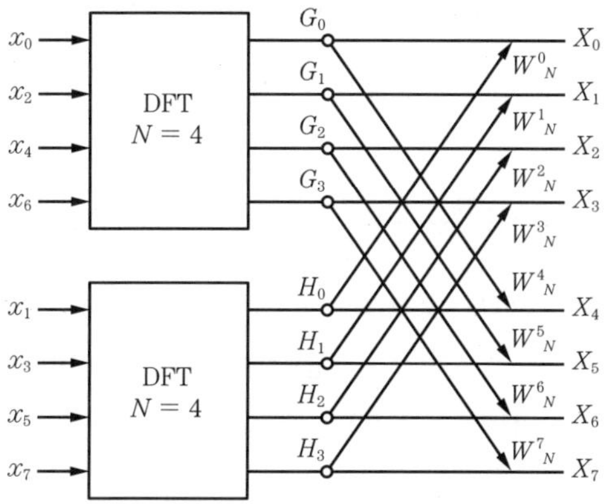

図 **7.5** 4 点 DFT による時間間引き型フロー

$$X_k = \sum_{n\ even} x_n W_N^{nk} + \sum_{n\ odd} x_n W_N^{nk} \tag{7.15}$$

上記の演算を図示すると図 **7.5** のようになる。整数 r を用いて，偶数を $n = 2r$，奇数を $n = 2r + 1$ と表現すると，次式のようになる。

$$\begin{aligned} X_k &= \sum_{r=0}^{(N/2)-1} x_{2r} W_N^{2rk} + \sum_{r=0}^{(N/2)-1} x_{2r+1} W_N^{(2r+1)k} \\ &= \sum_{r=0}^{(N/2)-1} x_{2r} (W_N^2)^{rk} + W_N^k \sum_{r=0}^{(N/2)-1} x_{2r+1} (W_N^2)^{rk} \end{aligned} \tag{7.16}$$

ここで，次式が成り立つことは明らかである。

$$W_N^2 = e^{-2j(2\pi/N)} = e^{-j(2\pi/(N/2))} = W_{N/2} \tag{7.17}$$

これより，式 (7.16) は次式のように書くことができる。

$$\begin{aligned} X_k &= \sum_{r=0}^{(N/2)-1} x_{2r} (W_{N/2})^{rk} + W_N^k \sum_{r=0}^{(N/2)-1} x_{2r+1} (W_{N/2})^{rk} \\ &= G_k + W_N^k H_k \end{aligned} \tag{7.18}$$

上式の第 1 式は偶数番目の時系列データに対して DFT を行っており，第 2 式は奇数版目のデータに対して DFT を行っている。また，時系列データ数が 2 のべき乗であるということから，$N/2$ も偶数になる。このことを用いると G_k および H_k についても次式に示すように整数 l を用いて，偶数部分 $2l$ と奇

数部分 $2l+1$ に分けて計算することができる。

$$G_k = \sum_{l=0}^{(N/4)-1} g_{2l} W_{N/4}^{lk} + W_{N/2}^{k} \sum_{l=0}^{(N/4)-1} g_{2l+1} W_{N/4}^{lk} \tag{7.19}$$

$$H_k = \sum_{l=0}^{(N/4)-1} h_{2l} W_{N/4}^{lk} + W_{N/2}^{k} \sum_{l=0}^{(N/4)-1} h_{2l+1} W_{N/4}^{lk} \tag{7.20}$$

式 (7.18)〜(7.20) をフローグラフとして図示すると図 **7.6** のようになる。演算の分解をさらに進めることにより，図 **7.7** に示す時間間引き型のフローグラフとなる。このように FFT は DFT の計算部分を少なくすることにより高速

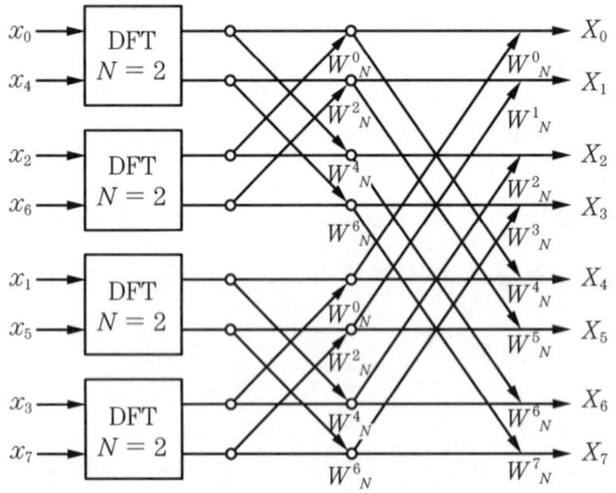

図 **7.6**　2 点 DFT による時間間引き型フロー

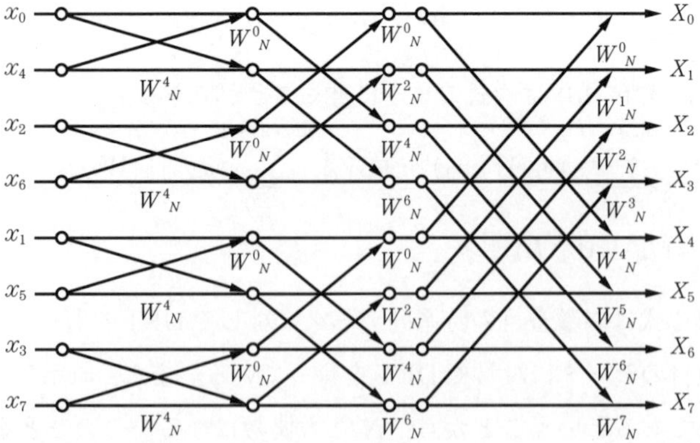

図 **7.7**　DFT による完全な時間間引き型フロー

化を行っている。

［ビット反転］

図 **7.7** を見ると出力については FFT の計算結果が順序どおりになっているが，入力側の順序がかなり入れ替わっている。もちろん計算のたびに必要なデータを探すことも可能であるが，計算効率がかなり悪くなってしまう。ここで入力データの順序に注目するとかなり規則的な入れ替わり方をしている。サンプリングによって得られたデータ系列を $x(0)$, $x(1), \cdots, x(n)$ とすると，つぎのように考えることができる。

$$\begin{array}{lcl} x(0) = x(000_2) & & x(000_2) = x(0) \\ x(1) = x(001_2) & & x(100_2) = x(4) \\ x(2) = x(010_2) & & x(010_2) = x(2) \\ x(3) = x(011_2) & \Rightarrow & x(110_2) = x(6) \\ x(4) = x(100_2) & & x(001_2) = x(1) \\ x(5) = x(101_2) & & x(101_2) = x(5) \\ x(6) = x(110_2) & & x(011_2) = x(3) \\ x(7) = x(111_2) & & x(111_2) = x(7) \end{array} \tag{7.21}$$

まず，入力された時系列データの離散時刻 n の値を 2 進数で表現する。添え字の 2 は 2 進数での表現を意味している。この 2 進数の各ビットについて順序を逆順にした 2 進数を求める。そして，その 2 進数を 10 進数に戻すと FFT の計算に必要なデータ順となる。

時間間引き型 FFT のアルゴリズムをまとめるとつぎのようになる。

step 1: サンプリング周波数，サンプル数などを決定する。

step 2: ビット反転操作により入力系列の順序を決定する。

step 3: 計算に必要な $W_N = e^{-j(2\pi/N)}$ を計算しておく。

step 4: FFT の計算式を用いて周波数成分 $X(k)$ を求める。

7.2.2 周波数間引き型 FFT

時間間引き型 FFT は入力系列を偶数番目と奇数番目のデータに分けて，最終的に小さな部分系列に分解して高速化を行う方法であったが，別の方法として出力系列を部分系列に分解して高速化を行う方法が考えられる。このように出力系列の分解による高速化手法を**周波数間引き型 FFT** と呼んでいる。周波数間引き型 FFT も時間間引き型 FFT と同様に時系列データ数 N の値が 2 のべき乗（$N = 2^m$）の場合について考えられた方法である。離散フーリエ変換の式を時系列データの前半部分と後半部分の二つに分けると次式のように表現できる。

$$X_k = \sum_{n=0}^{(N/2)-1} x_n W_N^{nk} + \sum_{n=N/2}^{N-1} x_n W_N^{nk} \tag{7.22}$$

$$X_k = \sum_{n=0}^{(N/2)-1} x_n W_N^{nk} + W_N^{(N/2)k} \sum_{n=0}^{(N/2)-1} x_{n+N/2} W_N^{nk}$$

上記の演算を図示すると図 **7.8** のようになる。ここで，$W_N^{(N/2)k} = (-1)^k$ であることから次式を得ることができる。

$$X_k = \sum_{n=0}^{(N/2)-1} \left\{ x_n + (-1)^k x_{n+N/2} \right\} W_N^{nk} \tag{7.23}$$

いま，k が偶数であるときと奇数であるときを分けてつぎのように表すことにする。

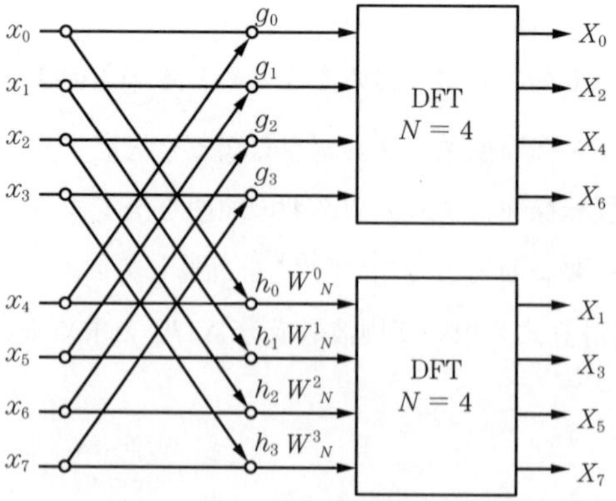

図 **7.8**　4 点 DFT による周波数間引き型フロー

$$X_{2r} = \sum_{n=0}^{(N/2)-1} (x_n + x_{n+N/2}) W_N^{2rn} \tag{7.24}$$

$$X_{2r+1} = \sum_{n=0}^{(N/2)-1} (x_n - x_{n+N/2}) W_N^n W_N^{2rn} \tag{7.25}$$

上式についてつぎの関係が成り立っている。

$$W_N^{2rn} = W_{N/2}^{rn} \tag{7.26}$$

この関係より，奇数番目データと偶数番目データに関する式はそれぞれ $N/2$ 点 DFT に対応している。さらに，つぎのように置くことによって周波数間引き型 FFT アルゴリズムを得ることができる。

$$\begin{aligned} g_n &= x_n + x_{n+N/2} \\ h_n &= x_n - x_{n+N/2} \end{aligned} \tag{7.27}$$

時間間引き型の場合と同様に，演算の分解によってフローグラフが変化していく様子を図 **7.9**, 図 **7.10** に示す。図 **7.10** は完全に分解された周波数間引き型フローグラフである。周波数間引き型 FFT のアルゴリズムをまとめるとつぎのようになる。

step 1: サンプリング周波数，サンプル数などを決定する。

step 2: 計算に必要な $W_N = e^{-j(2\pi/N)}$ を計算しておく。

step 3: FFT の計算式を用いて周波数成分 $X(k)$ を求める。

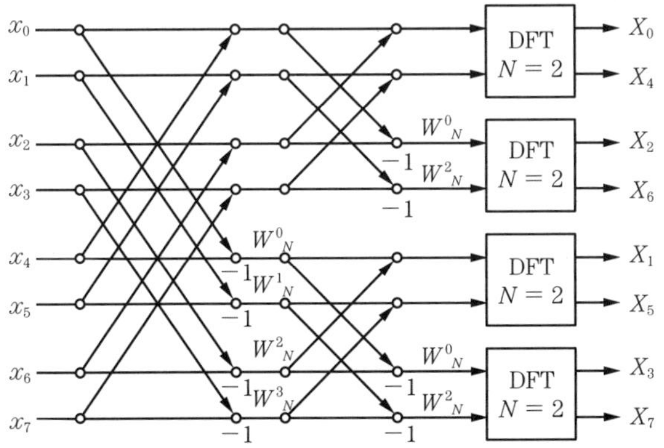

図 **7.9** 2 点 DFT による周波数間引き型フロー

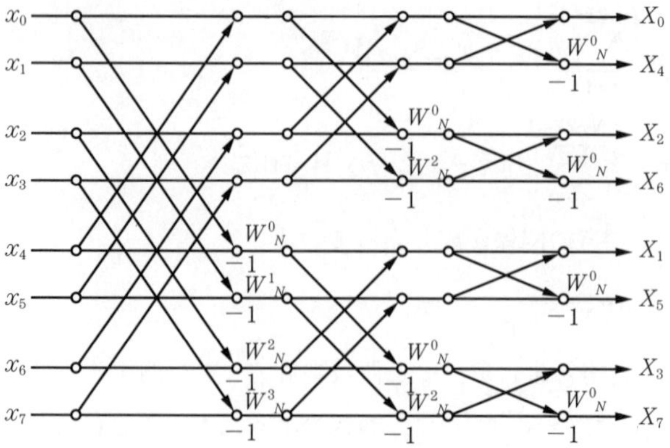

図 ***7.10***　DFT による完全な周波数間引き型フロー

step 4:　ビット反転操作により出力系列の順序を決定する。

ここでは，時系列データ数が 2 のべき乗の場合について FFT アルゴリズムを説明した。時系列データ数が 2 のべき乗以外の値に対応した FFT アルゴリズムも提案されているが，ここでは扱わないことにする。

章　末　問　題

(1)　つぎの時系列データに対して離散的フーリエ変換（DFT）を用いて周波数成分を求めるプログラムを作成せよ。

$$x[i] = \begin{cases} 0.0 & (0 \leqq i < 16,\ 48 \leqq i \leqq 63) \\ 1.0 & (16 \leqq i < 48) \end{cases}$$

8 常微分方程式

工学的諸問題を定式化したときに非常に多く現れるのが**常微分方程式**（ordinary differential equation）である。常微分方程式の数値解法は古くからいろいろな方法が考えられているが，近年ではルンゲ・クッタ法が主流である。この章では，ルンゲ・クッタ法とそのもとになっているオイラー法について説明する。

8.1 オイラー法と修正オイラー法

8.1.1 オイラー法

ここでは１次の常微分方程式について考える。

$$\frac{dx}{dt} = f(t, x) \tag{8.1}$$

微分をつぎのように差分商で置き換える。

$$\frac{x(t+h) - x(t)}{h} = f(t, x) \tag{8.2}$$

これより，時刻 $t+h$ における変数の値 $x(t+h)$ は，$x(t)$ と右辺の関数を用いてつぎのように表現できる。

$$x(t+h) = x(t) + h \cdot f(t, x) \tag{8.3}$$

図 **8.1** に示すように時刻 t の値 $x(t)$ とそのときの変化率の式をもとにして，常微分方程式を数値解析する方法を**オイラー法**（Euler method）という。オイラー法はつぎのようにも解釈することができる。数値解 $x(t+h)$ を時刻 t の

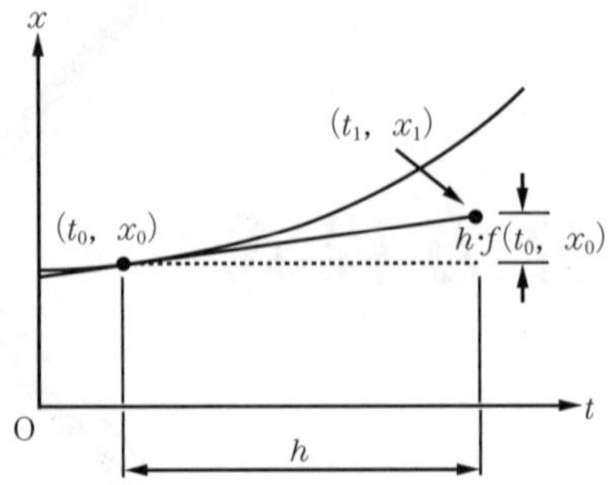

図 8.1　オイラー法

近傍として**テイラー展開**（Taylor expansion）するとつぎのようになる。

$$x(t+h) = x(t) + \frac{h}{1!}\frac{dx(t)}{dt} + \frac{h^2}{2!}\frac{d^2x(t)}{dt^2} + \frac{h^3}{3!}\frac{d^3x(t)}{dt^3} + \cdots \tag{8.4}$$

この式で，右辺第 2 項まで一致するように式を作ったものがオイラー法に相当する。オイラー法では，時間発展に伴って実際の解と数値計算結果との間の誤差が増加する。計算誤差を低減するためにいくつかの手法が考えられている。

8.1.2　修正オイラー法

オイラー法は簡単な方法であるが，精度の点で問題があった。計算精度を上げる一つの方法として刻み幅 h の値を工夫するということが考えられる。一般的には刻み幅を小さくすればそれだけ精度が向上すると思われるが，刻み幅を必要以上に小さくした場合には**丸め誤差**（round-off error）の累積により精度は悪化してしまう。刻み幅をどの程度にすればよいかは問題によって変わるので，ここでは深く言及しないことにする。刻み幅を小さくする以外の精度改善方法として，先に示したテーラー展開式 (8.4) について，右辺の高次の項まで一致するように式を修正して計算する方法がある。特に，右辺第 3 項まで一致するように式を修正した方法を**修正オイラー法**という。修正オイラー法にはいくつかのアルゴリズムがあり，代表的なものを以下に示す。

(1)　修正アルゴリズム 1　図 8.2 (a) に示すように増分 k_1，k_2 を計算して修正を行う。まず，データ点 (t_0, x_0) における微分係数を用いて増分 k_1 を計算

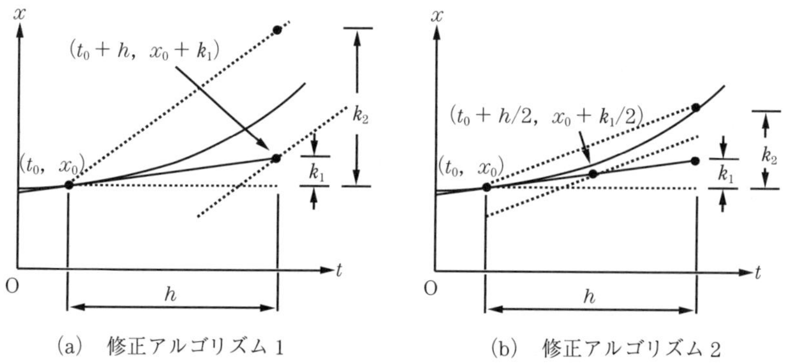

図 **8.2** 修正オイラー法

する。つぎに増分 k_1 から得られた座標点 $(t_0 + h, x_0 + k_1)$ の点での微分係数から増分 k_2 を計算する。増分 k_1，k_2 の値を平均したものを最終的な増分と考える。

$$
\begin{aligned}
k_1 &= h \cdot f(t, x) \\
k_2 &= h \cdot f(t + h,\ x + k_1) \\
x(t+h) &= x(t) + \frac{1}{2}(k_1 + k_2)
\end{aligned}
\tag{8.5}
$$

(2) 修正アルゴリズム 2 図 **8.2** (b) に示すように増分 k_1，k_2 を計算して修正を行う。まず，データ点 (t_0, x_0) における微分係数を用いて増分 k_1 を計算する。つぎに増分 k_1 から得られた座標点 $(t_0 + h/2, x_0 + k_1/2)$ の点での微分係数から増分 k_2 を計算する。増分 k_2 の値を最終的な増分と考える。

$$
\begin{aligned}
k_1 &= h \cdot f(t, x) \\
k_2 &= h \cdot f\left(t + \frac{h}{2},\ x + \frac{1}{2}k_1\right) \\
x(t+h) &= x(t) + k_2
\end{aligned}
\tag{8.6}
$$

(3) 一般的修正アルゴリズム 一般的な修正アルゴリズムを表す式はつぎのように表すことができる。

$$
\begin{aligned}
k_1 &= h \cdot f(t, x) \\
k_2 &= h \cdot f(t + \alpha h, x + \beta k_1) \\
x(t+h) &= x(t) + (c_1 k_1 + c_2 k_2)
\end{aligned}
\tag{8.7}
$$

修正オイラー法の公式は，式 (8.7) の係数を適当な値を代入することによっていろいろなものが考えられる。修正法 1 および修正法 2 はその中でも代表的なものである。

例題 8.1　$x(t+h)$ のテーラー展開の式 (8.4) と式 (8.7) を比較することにより，修正オイラー法の式 (8.5)(8.6) を導け。

【解答】　式 (8.7) の第 2 式をテーラー展開するとつぎのようになる。

$$
\begin{aligned}
k_2 &= h \cdot f(t + \alpha h, x + \beta k_1) \\
&= h \cdot \left\{ f(t, x) + \alpha h \frac{df}{dt} + \beta k_1 \frac{df}{dx} + o(h^2) \right\}
\end{aligned}
$$

上式と第 1 式を第 3 式に代入する。

$$
\begin{aligned}
x(t+h) &= x(t) + c_1 k_1 + c_2 k_2 \\
&= x(t) + c_1 h f(t, x) + c_2 h \left\{ f(t, x) + \alpha h \frac{df}{dt} + \beta h f(t, x) \frac{df}{dx} + o(h^2) \right\} \\
&= x(t) + (c_1 + c_2) h f(t, x) + \alpha c_2 h^2 \frac{df}{dt} + \beta c_2 h^2 f(t, x) \frac{df}{dx} + o(h^3)
\end{aligned}
$$

この式を $x(t+h)$ のテーラー展開の式と比較することにより，つぎの関係が得られる。

$$
\begin{aligned}
c_1 + c_2 &= 1 \\
\alpha c_2 &= \frac{1}{2} \\
\beta c_2 &= \frac{1}{2}
\end{aligned}
$$

この条件を満たす値の組合せを式 (8.7) の係数として用いることによって修正オイラー法の式を作ることができる。$c_1 = c_2 = 1/2$ および $\alpha = \beta = 1$ の場合が修正法 1 に相当し，$c_1 = 0$，$c_2 = 1$，$\alpha = \beta = 1/2$ の場合が修正法 2 に相当する。

◇

8.2 ルンゲ・クッタ法

修正オイラー法は，テイラー展開の2次の項まで一致させた方法であり，オイラー法に比べて精度の改善はされているが，常微分方程式の数値解析を行うにはまだ十分な精度とはいえない。テーラー展開の式をさらに高次の項まで一致させて解く方法として，**ルンゲ・クッタ法**（Runge-Kutta method）がよく知られている。テーラー展開の3次の項までを一致させたものは3次のルンゲ・クッタ法，4次の項まで一致させたものを4次のルンゲ・クッタ法という。ここでは，計算精度が高く，計算に用いられる係数が簡単な4次のルンゲ・クッタ法について説明する。

8.2.1 4次のルンゲ・クッタ法

基本的な計算方法は同じであるが，ルンゲ・クッタ法にはいろいろな次数のものがある。コンピュータの記憶容量の小さかった時期には，あとで示すルンゲ・クッタ・ジル法のように記憶容量を節約する手法がよく用いられた。現在ではコンピュータの記憶容量はその当時と比較できないほど大きくなっているので，係数の簡単さなどから**4次のルンゲ・クッタ法**がよく用いられる。4次のルンゲ・クッタ法は次式で表すことができる。

$$k_1 = h \cdot f(t, x) \tag{8.8}$$

$$k_2 = h \cdot f\left(t + \frac{h}{2}, x + \frac{k_1}{2}\right) \tag{8.9}$$

$$k_3 = h \cdot f\left(t + \frac{h}{2}, x + \frac{k_2}{2}\right) \tag{8.10}$$

$$k_4 = h \cdot f(t + h, x + k_3) \tag{8.11}$$

$$x(t + h) = x(t) + \frac{1}{6}(k_1 + 2k_2 + 2k_3 + k_4) \tag{8.12}$$

4次のルンゲ・クッタ法は図 ***8.3*** に示すように値の修正を行って計算精度を上げていく方法である。アルゴリズムはつぎのようになる。

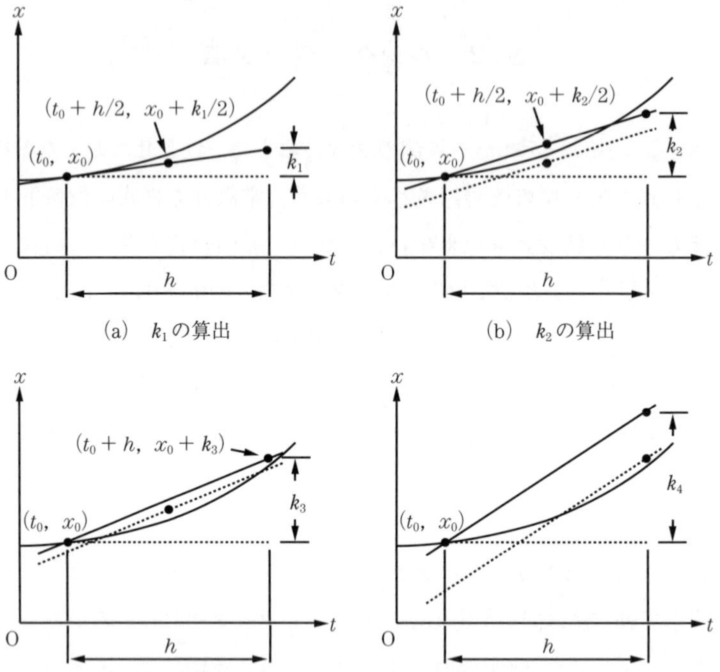

図 ***8.3***　ルンゲ・クッタ法

step 1:　図 ***8.3*** (a) に示すように，まずデータ点 (t_0, x_0) における微分係数を用いて増分 k_1 を計算する。

step 2:　増分 k_1 から得られた座標点 (t_0+h, x_0+k_1) と点 (t_0, x_0) との中点における微分係数から増分 k_2 を計算する（図 (b)）。

step 3:　増分 k_2 から得られた座標点 (t_0+h, x_0+k_2) と点 (t_0, x_0) との中点における微分係数から増分 k_3 を計算する（図 (c)）。

step 4:　増分 k_3 から得られた座標点 (t_0+h, x_0+k_3) の点での微分係数から増分 k_4 を計算する（図 (d)）。

step 5:　つぎに増分 k_1，k_2，k_3，k_4 を 1 : 2 : 2 : 1 の割合で加重平均したものを最終的な増分と考える。

step 6: step 1 から step 5 を繰り返すことによって，微分方程式の解を追跡する。

例題 8.2 $x(t+h)$ のテーラー展開の式および以下に示す一般式から 4 次のルンゲ・クッタ法の公式を導く方法について述べよ。

$$k_1 = hf(t, x)$$

$$k_2 = hf(t + \alpha_1 h, x + \beta_{11} k_1)$$

$$k_3 = hf(t + \alpha_2 h, x + \beta_{21} k_1 + \beta_{22} k_2)$$

$$k_4 = hf(t + \alpha_3 h, x + \beta_{31} k_1 + \beta_{32} k_2 + \beta_{33} k_3)$$

$$x(t+h) = x(t) + \gamma_1 k_1 + \gamma_2 k_2 + \gamma_3 k_3 + \gamma_4 k_4$$

【解答】 修正オイラー法の場合と同様に一般式の第 1 式から第 3 式までをまとめて整理し，$x(t+h)$ のテイラー展開の式の 4 次の項まで比較する。各係数を比較するとつぎの条件式が得られる。

$$\gamma_1 + \gamma_2 + \gamma_3 + \gamma_4 = 1$$

$$\alpha_1\gamma_2 + \alpha_2\gamma_3 + \alpha_3\gamma_4 = \frac{1}{2}$$

$$\alpha_1^2\gamma_2 + \alpha_2^2\gamma_3 + \alpha_3^2\gamma_4 = \frac{1}{3}$$

$$\alpha_1^3\gamma_2 + \alpha_2^3\gamma_3 + \alpha_3^3\gamma_4 = \frac{1}{4}$$

$$\gamma_3\alpha_1\beta_{22} + \gamma_4(\alpha_1\beta_{32} + \alpha_2\beta_{33}) = \frac{1}{6}$$

$$\gamma_3\alpha_1^2\beta_{22} + \gamma_4(\alpha_1^2\beta_{32} + \alpha_2^2\beta_{33}) = \frac{1}{12}$$

$$\gamma_3\alpha_1\alpha_2\beta_{22} + \gamma_4\alpha_3(\alpha_1\beta_{32} + \alpha_2\beta_{33}) = \frac{1}{8}$$

$$\gamma_4\alpha_1\beta_{22}\beta_{33} = \frac{1}{24}$$

$$\alpha_1 = \beta_{11}$$

$$\alpha_2 = \beta_{21} + \beta_{22}$$

$$\alpha_3 = \beta_{31} + \beta_{32} + \beta_{33}$$

この条件式を満たすように係数を決定すれば，4 次のルンゲクッタ法の公式を得ることができる。新しい公式を求めるのも面白いが，先に示した公式が最も簡単な係数となっていると思われる。 ◇

8.2.2 ルンゲ・クッタ・ジル法

ルンゲ・クッタ法の一つに**ルンゲ・クッタ・ジル法** (Runge-Kutta-Gill method) というものがある。この方法はつぎの公式で表現される。ルンゲ・クッタ・ジル法は，丸め誤差の影響を低減することとコンピュータの記憶容量の節約を目的として開発された方法である。最近では利用される機会も減ってきているが，歴史的に有名な方法である。

ルンゲ・クッタ・ジル法を先に示した4次のルンゲ・クッタ法と同様の書式で記述するとつぎのようになる。

$$k_1 = h \cdot f(t, x)$$

$$k_2 = h \cdot f\left(t + \frac{h}{2}, x + \frac{k_1}{2}\right)$$

$$k_3 = h \cdot f\left\{t + \frac{h}{2}, x - \left(\frac{1}{2} - \frac{1}{\sqrt{2}}\right)k_1 + \left(1 - \frac{1}{\sqrt{2}}\right)k_2\right\}$$

$$k_4 = h \cdot f\left\{t + h, x - \left(\frac{1}{\sqrt{2}}\right)k_2 + \left(1 + \frac{1}{\sqrt{2}}\right)k_3\right\}$$

$$x(t+h) = x(t) + \frac{1}{6}\left\{k_1 + 2\left(1 - \frac{1}{\sqrt{2}}\right)k_2 + 2\left(1 + \frac{1}{\sqrt{2}}\right)k_3 + k_4\right\}$$

上記の書式を見てもなぜ記憶容量の節約になるのかわからないと思う。ルンゲ・クッタ・ジル法の実際の計算では，以下のようにアルゴリズムを変更して計算を行っている。わずかな節約ではあるが，記憶しなければならない数値が減っている。

$$k_1 = hf(t_n, x_n), \quad \eta_1 = x_n + \frac{k_1 - 2q_0}{2}$$

$$k_2 = hf\left(t_n + \frac{h}{2}, \eta_1\right)$$

$$q_1 = q_0 + \frac{3}{2}(k_1 - 2q_0) - \frac{1}{2}, \quad \eta_2 = \eta_1 + \left(1 - \frac{1}{\sqrt{2}}\right)(k_2 - q_1)$$

$$k_3 = hf\left(t_n + \frac{h}{2}, \eta_2\right)$$

$$q_2 = q_1 + 3\left(1 - \frac{1}{\sqrt{2}}\right)(k_2 - q_1) - \left(1 - \frac{1}{\sqrt{2}}\right)k_2$$

$$\eta_3 = \eta_2 + \left(1 + \frac{1}{\sqrt{2}}\right)(k_3 - q_2)$$

$$k_4 = hf(t_n + h, \eta_3)$$

$$q_3 = q_2 + 3\left(1 + \frac{1}{\sqrt{2}}\right)(k_3 - q_2) - \left(1 + \frac{1}{\sqrt{2}}\right)k_3$$

$$\eta_4 = \eta_3 + \frac{1}{6}(k_4 - 2q_3)$$

$$q_4 = q_3 + \frac{1}{2}(k_4 - 2q_3) - \frac{1}{2}k_4$$

$$x_{n+1} = \eta_4$$

上式の初期値として t_0，x_0 の値を与えておく。q_0 は丸め誤差を消すための項で，初期値を $q_0 = 0$ とする。1 回目の計算が終わった段階で，q_4 を q_0 の新たな値 $q_0 = q_4$ として，2 回目の計算を行う。上述のように $x_{n+1} = \eta_4$ であり，ルンゲ・クッタ・ジル法は途中の計算に必要な記憶量を極力減らした方法である。

この方法が開発された当時と比べて現在では，コンピュータ内部で扱う 2 進数のビット長が長くなり，当時考えられていた程度の丸め誤差の影響は無視できるようになった。また，記憶容量も比較にならないくらい大きなものになっているので，あえてルンゲ・クッタ・ジル法を用いる必要はなくなった。

8.2.3 連立微分方程式

ルンゲ・クッタ法は，1 次の微分方程式を解く方法であり，連立 1 次微分方程式にも対応している。ここでは，つぎの連立 1 次微分方程式について説明する。

$$\frac{d\boldsymbol{x}}{dt} = \boldsymbol{f}(t, \boldsymbol{x}) \tag{8.13}$$

$$\boldsymbol{x} = \begin{bmatrix} x_1 \\ x_2 \\ \vdots \\ x_n \end{bmatrix}, \quad \boldsymbol{f} = \begin{bmatrix} f_1(t, x_1, \cdots, x_n) \\ f_2(t, x_1, \cdots, x_n) \\ \vdots \\ f_n(t, x_1, \cdots, x_n) \end{bmatrix} \tag{8.14}$$

1 変数の場合と同様に増分 $\boldsymbol{k}_1$ を求める。このとき，各変数について別々に増分 $\boldsymbol{k}_1$ を求めなければならない。

$$\boldsymbol{k}_1 = h \cdot \boldsymbol{f}(t, \boldsymbol{x}) \tag{8.15}$$

$$\begin{bmatrix} k_{11} \\ k_{12} \\ \vdots \\ x_{1n} \end{bmatrix} = \begin{bmatrix} h \cdot f_1(t, x_1, \cdots, x_n) \\ h \cdot f_2(t, x_1, \cdots, x_n) \\ \vdots \\ h \cdot f_n(t, x_1, \cdots, x_n) \end{bmatrix} \tag{8.16}$$

増分 $\boldsymbol{k}_2 \sim \boldsymbol{k}_4$ についても $\boldsymbol{k}_1$ と同様に計算する。

$$\boldsymbol{k}_2 = h \cdot \boldsymbol{f}\left(t + \frac{h}{2}, \boldsymbol{x} + \frac{\boldsymbol{k}_1}{2}\right) \tag{8.17}$$

$$\boldsymbol{k}_3 = h \cdot \boldsymbol{f}\left(t + \frac{h}{2}, \boldsymbol{x} + \frac{\boldsymbol{k}_2}{2}\right) \tag{8.18}$$

$$\boldsymbol{k}_4 = h \cdot \boldsymbol{f}(t + h, \boldsymbol{x} + \boldsymbol{k}_3) \tag{8.19}$$

$\boldsymbol{k}_1 \sim \boldsymbol{k}_4$ をもとに $\boldsymbol{x}(t+h)$ の値を計算する。

$$\boldsymbol{x}(t+h) = \boldsymbol{x}(t) + \frac{\boldsymbol{k}_1 + 2\boldsymbol{k}_2 + 2\boldsymbol{k}_3 + \boldsymbol{k}_4}{6} \tag{8.20}$$

多変数になったときに注意しなければならないことは，計算の順序である。ベクトル表記を実際の計算アルゴリズムに変更した場合に，間違えることが多いので気をつけよう。説明のための例題をつぎに示しておく。

例題 *8.3*　つぎの 2 変数の連立 1 次微分方程式をルンゲ・クッタ法によって解くときの計算式を示せ。

$$\frac{dx_1}{dt} = f_1(t, x_1, x_2)$$
$$\frac{dx_2}{dt} = f_2(t, x_1, x_2)$$

【解答】　2 変数の場合 $\boldsymbol{k}_1 \sim \boldsymbol{k}_4$ の計算はつぎの手順となる。

$$k_{11} = h \cdot f_1(t, x_1, x_2)$$

$$k_{12} = h \cdot f_2(t, x_1, x_2)$$

$$k_{21} = h \cdot f_1\left(t + \frac{h}{2}, x_1 + \frac{k_{11}}{2}, x_2 + \frac{k_{12}}{2}\right)$$

$$k_{22} = h \cdot f_2\left(t + \frac{h}{2}, x_1 + \frac{k_{11}}{2}, x_2 + \frac{k_{12}}{2}\right)$$
$$k_{31} = h \cdot f_1\left(t + \frac{h}{2}, x_1 + \frac{k_{21}}{2}, x_2 + \frac{k_{22}}{2}\right)$$
$$k_{32} = h \cdot f_2\left(t + \frac{h}{2}, x_1 + \frac{k_{21}}{2}, x_2 + \frac{k_{22}}{2}\right)$$
$$k_{41} = h \cdot f_1(t + h, x_1 + k_{31}, x_2 + k_{32})$$
$$k_{42} = h \cdot f_2(t + h, x_1 + k_{31}, x_2 + k_{32})$$

2 変数の連立 1 次微分方程式の時間発展を計算するとき，増分の計算順序は上記のとおりでなければならない。計算順序が変わると同じ計算をしていても結果が変わってしまう。時刻 $t+h$ のときの各変数の値 $x_1(t+h)$，$x_2(t+h)$ は，つぎのように計算することができる。

$$x_1(t+h) = x_1(t) + \frac{1}{6}(k_{11} + 2k_{21} + 2k_{31} + k_{41})$$
$$x_2(t+h) = x_2(t) + \frac{1}{6}(k_{12} + 2k_{22} + 2k_{32} + k_{42})$$

◇

8.2.4 高階の常微分方程式

ルンゲ・クッタ法は，1 次の連立方程式を解く方法であるが，工夫することによって高次の連立微分方程式も解くことができる。いまつぎの高次の微分方程式を考える。

$$a_0 \frac{d^n x}{dt^n} + a_1 \frac{d^{n-1} x}{dt^{n-1}} + \cdots + a_{n-1} \frac{dx}{dt} + a_n x = 0 \tag{8.21}$$

変数 x の各次数の時間微分ををそれぞれ別々の変数と考えて，以下のように式を変換する。

$$x = x_1 \tag{8.22}$$
$$\frac{dx_1}{dt} = x_2 \tag{8.23}$$
$$\frac{dx_2}{dt} = x_3 \tag{8.24}$$
$$\vdots$$
$$\frac{dx_{n-1}}{dt} = x_n \tag{8.25}$$

$$\frac{dx_n}{dt} = -\frac{1}{a_0}(a_1x_n + \cdots + a_nx_1) \tag{8.26}$$

式 (8.23)〜(8.26) は，連立 1 次微分方程式の形式となっているので，ルンゲ・クッタ法を用いて解くことができる。

例題 8.4　つぎの 2 階の常微分方程式をルンゲ・クッタ法で解ける連立 1 次微分方程式の形式にせよ。

$$3\frac{d^2x}{dt^2} + 0.5\frac{dx}{dt} + 2x = 0$$

【解答】　各次数の微分に対してつぎのように変数変換を行えばよい。

$$x = x_1$$

$$\frac{dx_1}{dt} = x_2$$

$$\frac{dx_2}{dt} = -\frac{0.5}{3}x_2 - \frac{2}{3}x_1$$

ルンゲ・クッタ法に用いるのは上記の第 2 式と第 3 式である。

◇

章 末 問 題

(1)　オイラー法を用いてつぎの微分方程式の数値解を求めるプログラムを作成せよ。計算の際の刻み幅を $h = 0.1$，初期値を $(t, x) = (0.0, 1.0)$ とする。

$$\frac{dx}{dt} = -x$$

(2)　ルンゲ・クッタ法を用いてつぎの 2 階微分方程式の数値解を求めるプログラムを作成せよ。計算の際の刻み幅を $h = 0.01$，初期値を $(t, x_1, x_2) = (0.0, 0.0, 0.0)$ とする。

$$\frac{dx_1}{dt} = x_2$$

$$\frac{dx_2}{dt} = x_2 + 2x_1 + 6$$

9 非線形方程式

工学的問題を定式化したときに微分方程式と同様によく現れる式として，**非線形方程式**（nonlinear equation）がある。微分方程式が時間的に変化する系を記述したものであるのに対して，時間的に変化しない系（定常状態）を記述したものが非線形方程式である。ここでは，非線形方程式を解く手法として，ニュートン法，ベアストウ・ヒッチコック法，DKA 法について説明する。

9.1 ニュートン法

ニュートン法（Newton method）は非線形方程式を解く手法で，多変数の連立方程式についても対応している方法である。ここではまず，1 変数の場合について説明し，その拡張として多変数の場合を説明する。

9.1.1 1 変数方程式

1 変数の非線形方程式をつぎのように表す。

$$f(x) = 0 \tag{9.1}$$

ニュートン法は，図 **9.1** に示すように式 (9.1) に x の初期値を与えて，その初期値をもとに x の値を更新して解に近づけていく方法である。k 回目の更新によって得られた値を $x^{(k)}$ とすると $x = x^{(k)} + h$ とした式が成り立つことになる。$f(x^{(k)} + h)$ を $x^{(k)}$ についてテーラー展開すると次式のようになる。

$$f(x^{(k)} + h) = f(x^{(k)}) + h\frac{df(x^{(k)})}{dx} + \frac{h^2}{2}\frac{d^2 f(x^{(k)})}{dx^2} + \cdots = 0 \tag{9.2}$$

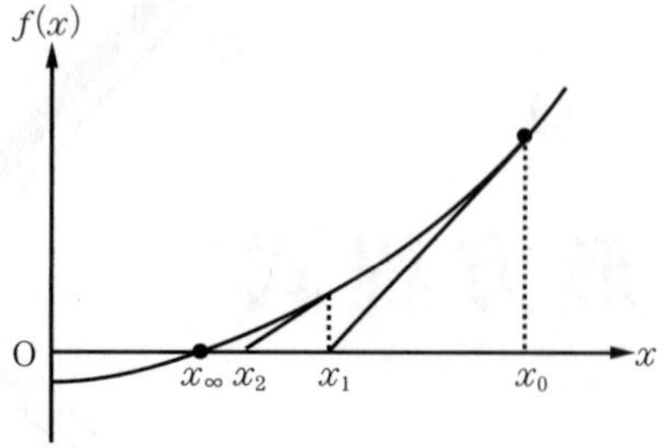

図 9.1 ニュートン法

式 (9.2) について h の 2 次以上の項を無視して $f(x^{(k)})$ について解くとつぎのようになる。

$$f(x^{(k)}) + h\frac{df(x^{(k)})}{dx} = 0 \tag{9.3}$$

これより，解と更新値 $x^{(k)}$ との差 h はつぎのように計算できる。

$$h = -\frac{f(x^{(k)})}{f'(x^{(k)})} \tag{9.4}$$

上式で $f'(x)$ は $f(x)$ を変数 x で微分した式を表す。この h の値をもとにつぎのように $k+1$ 回目の更新を行う。

$$x^{(k+1)} = x^{(k)} - \frac{f(x^{(k)})}{f'(x^{(k)})} \tag{9.5}$$

このようにして得られた $x^{(k+1)}$ は，$x^{(k)}$ よりも解に近い値になっている。テーラー展開の 2 次以上の項を無視しているため，解に到達するまでに数回の演算が必要となる。また，ニュートン法はあくまでも近似解を求める方法なので，完全な収束をしなかったり，収束までに多くの時間を費やしたりする場合がある。そこで収束のための条件を用意しておき，その条件を満たしていれば解とみなすという措置が必要となる。条件としてはつぎの二つがよく用いられる。

$$\| f(x^{(k)}) \| < \varepsilon \tag{9.6}$$

$$\| x^{(k+1)} - x^{(k)} \| < \varepsilon \tag{9.7}$$

この式で，$\|\cdot\|$ はノルム（norm）を表す。また，ε はあらかじめ与えておいた微小量である。ここで示した方法は，**ニュートン・ラフソン法**（Newton-Raphson method）という場合もある。

例題 *9.1* 正の実数 a が与えられたとき，a の立方根 $\sqrt[3]{a}$ を求めるつぎの漸化式がニュートン法によって得られることを示せ。

$$x_{n+1} = \frac{1}{3}\left(2x_n + \frac{a}{x_n^2}\right)$$

【解答】 a の立方根を求めるための式を $f(x) = x^3 - a$ とおくと，ニュートン法により x を求める漸化式はつぎのようになる。

$$\begin{aligned} x_{n+1} &= x_n - \frac{x_n^3 - a}{3x_n^2} = \frac{2}{3}x_n + \frac{a}{3x_n^2} \\ &= \frac{1}{3}\left(2x_n + \frac{a}{x_n^2}\right) \end{aligned}$$

a の n 乗根についても同様の考え方で漸化式を作ることができる。 ◇

9.1.2 多変数方程式

多変数方程式に対するニュートン法も基本的には同じ計算方法である。いま多変数の連立方程式を次式のように表す。説明のため変数の数を n とする。

$$f_i(x_1, x_2, \cdots, x_n) = 0 \quad (i = 1, \cdots, n) \tag{9.8}$$

連立方程式を一つのベクトルとしてつぎのように表す。

$$\boldsymbol{f}(\boldsymbol{x}) = (f_1(\boldsymbol{x}), \cdots, f_n(\boldsymbol{x}))^t \tag{9.9}$$

更新値 x_i の値と解との差を h_i とする。h_i も一つのベクトルとしてまとめておく。

$$\boldsymbol{h} = (h_1, \cdots, h_n)^t \tag{9.10}$$

これらを用いて，式 (9.9) を表し，テーラー展開するとつぎのようになる。

$$\boldsymbol{f}(\boldsymbol{x}^{(k)} + \boldsymbol{h}) = \boldsymbol{f}(\boldsymbol{x}^{(k)}) + J(\boldsymbol{x}^{(k)}) \cdot \boldsymbol{h} + \cdots = 0 \tag{9.11}$$

ここで，右辺の $J(\boldsymbol{x})$ はヤコビ行列で，次式のように表現できる。

$$J(\boldsymbol{x}^{(k)}) = \begin{bmatrix} \dfrac{\partial f_1}{\partial x_1} & \dfrac{\partial f_1}{\partial x_2} & \cdots & \dfrac{\partial f_1}{\partial x_n} \\ \dfrac{\partial f_2}{\partial x_1} & \dfrac{\partial f_2}{\partial x_2} & \cdots & \dfrac{\partial f_2}{\partial x_n} \\ \vdots & \vdots & \ddots & \vdots \\ \dfrac{\partial f_n}{\partial x_1} & \dfrac{\partial f_n}{\partial x_2} & \cdots & \dfrac{\partial f_n}{\partial x_n} \end{bmatrix}_{\boldsymbol{x} = \boldsymbol{x}^{(k)}} \tag{9.12}$$

これより，誤差ベクトル $\boldsymbol{h}$ はつぎのように計算できる。

$$\boldsymbol{h} = -\left[J(\boldsymbol{x}^{(k)})\right]^{-1} \cdot \boldsymbol{f}(\boldsymbol{x}^{(k)}) \tag{9.13}$$

ここでは逆行列の表記を用いているが，実際のアルゴリズムでは連立 1 次方程式をガウスの消去法や LU 分解法などを利用して解くほうがよい。この誤差ベクトルを用いて，$\boldsymbol{x}^{(k)}$ の値を $\boldsymbol{x}^{(k+1)}$ に更新する。

$$\boldsymbol{x}^{(k+1)} = \boldsymbol{x}^{(k)} + \boldsymbol{h} \tag{9.14}$$

多変数の場合でも，1 変数の場合と同様に収束のための条件を用意しておく必要がある。この場合にもつぎの二つが利用される。

$$\| \boldsymbol{f}(\boldsymbol{x}^{(k)}) \| < \varepsilon \tag{9.15}$$

$$\| \boldsymbol{x}^{(k+1)} - \boldsymbol{x}^{(k)} \| < \varepsilon \tag{9.16}$$

この式で $\| \cdot \|$ はノルムを表し，つぎのように計算する。

$$\| \boldsymbol{y} \| = \sqrt{\sum_{i=1}^{n} y_i^2} \tag{9.17}$$

例題 9.2　つぎの連立方程式について，初期値を $x_1^{(0)} = 0.5$，$x_2^{(0)} = 1.0$ とするときの第 1 近似解 $x_1^{(1)}, x_2^{(1)}$ を小数第 4 位まで求めよ。

$$f_1(x_1, x_2) = 2x_1^3 - x_2^3 - 9 = 0$$

$$f_2(x_1, x_2) = x_1^3 - 2x_2^3 - 4 = 0$$

【解答】 ヤコビ行列 $J(x_1, x_2)$ はつぎのようになる。

$$J(x_1, x_2) = \begin{bmatrix} 6x_1^2 & -3x_2^2 \\ 3x_1^2 & -6x_2^2 \end{bmatrix}$$

初期値を $x_1^{(0)} = 0.5$, $x_2^{(0)} = 1.0$ として，第 1 近似解 $x_1^{(1)}, x_2^{(1)}$ はつぎのように計算できる。

$$\begin{bmatrix} x_1^{(1)} \\ x_2^{(1)} \end{bmatrix} = \begin{bmatrix} x_1^{(0)} \\ x_2^{(0)} \end{bmatrix} - \begin{bmatrix} 6x_1^2 & -3x_2^2 \\ 3x_1^2 & -6x_2^2 \end{bmatrix}^{-1} \begin{bmatrix} 2x_1^3 - x_2^3 - 9 \\ x_1^3 - 2x_2^3 - 4 \end{bmatrix}$$

$$= \begin{bmatrix} 0.5 \\ 1.5 \end{bmatrix} - \begin{bmatrix} 1.50 & -3.0 \\ 0.75 & -6.0 \end{bmatrix}^{-1} \begin{bmatrix} -9.750 \\ -5.875 \end{bmatrix} = \begin{bmatrix} 6.5556 \\ 0.7778 \end{bmatrix}$$

上記のように第 1 近似解を求めると $x_1^{(1)} = 6.5556$, $x_2^{(1)} = 0.7778$ となる。なお，この連立方程式の解析解は $x_1 = \sqrt[3]{14/3}$, $x_2 = \sqrt[3]{1/3}$ である。 ◇

9.2 ベアストウ・ヒッチコック法

ニュートン法は非線形方程式全般に利用できる方法であるが，非線形代数方程式に特化した方法として**ベアストウ・ヒッチコック法**（Bairstow-Hitchcock method）がある。ここでは，ベアストウ・ヒッチコック法の基本的な考え方について説明する。対象とする代数方程式をつぎに示す。

$$f(x) = x^n + a_1 x^{n-1} + \cdots + a_{n-1}x + a_n = 0 \tag{9.18}$$

式 (9.18) を 2 次式 $(x^2 + px + q)$ によって因数分解することを考える。式 (9.18) を 2 次式 $(x^2 + px + q)$ で割った商を $g(x)$ とすると次式のように因数分解することができる。

$$f(x) = (x^2 + px + q)g(x) \tag{9.19}$$

このとき $g(x)$ をつぎのように置く。

$$g(x) = x^{n-2} + b_1 x^{n-3} + \cdots + b_{n-3}x + b_{n-2} \tag{9.20}$$

2 次式の係数 $p^{(k)}, q^{(k)}$ を適当に与えたときには必ずしも因数分解できるとは限らず，次式のように余りが出てしまう。

$$f(x) = (x^2 + p^{(k)}x + q^{(k)})g(x) + (rx + s) \tag{9.21}$$

式 (9.21) を展開して，式 (9.18) の各係数と比較することにより，係数 b_i はつぎのように表すことができる。

$$b_1 = a_1 - p^{(k)} \tag{9.22}$$

$$b_2 = a_2 - p^{(k)}b_1 - q^{(k)} \tag{9.23}$$

$$b_i = a_i - p^{(k)}b_{i-1} - q^{(k)}b_{i-2} \quad (i = 3, \cdots, n-2) \tag{9.24}$$

式 (9.21) の余りの係数 r および s は，係数 $p^{(k)}, q^{(k)}$ の関数になっている。

$$r = r(p^{(k)}, q^{(k)}) = a_{n-1} - p^{(k)}b_{n-2} - q^{(k)}b_{n-3} \tag{9.25}$$

$$s = s(p^{(k)}, q^{(k)}) = a_n - q^{(k)}b_{n-2} \tag{9.26}$$

余りを 0 にする p，q の値と $p^{(k)}$，$q^{(k)}$ との差を Δp および Δq として，$p^{(k)} + \Delta p$ と $q^{(k)} + \Delta q$ を式 (9.25)，(9.26) に代入し，$(p^{(k)}, q^{(k)})$ に関してテーラー展開するとつぎのようになる。

$$r(p^{(k)} + \Delta p, q^{(k)} + \Delta q) = r(p^{(k)}, q^{(k)}) + \frac{\partial r}{\partial p}\Delta p + \frac{\partial r}{\partial q}\Delta q + \cdots = 0$$

$$s(p^{(k)} + \Delta p, q^{(k)} + \Delta q) = s(p^{(k)}, q^{(k)}) + \frac{\partial s}{\partial p}\Delta p + \frac{\partial s}{\partial q}\Delta q + \cdots = 0$$

微小量の 2 次以上の項を無視して整理すると次式を得る。

$$r(p^{(k)}, q^{(k)}) + \frac{\partial r}{\partial p}\Delta p + \frac{\partial r}{\partial q}\Delta q = 0 \tag{9.27}$$

$$s(p^{(k)}, q^{(k)}) + \frac{\partial s}{\partial p}\Delta p + \frac{\partial s}{\partial q}\Delta q = 0 \tag{9.28}$$

これは，Δp および Δq に関する連立 1 次方程式であるから容易に解くことができる。しかし，ここで問題となるのは，それぞれの係数となっている偏微分の値をどのようにして求めるかということである。ここで式 (9.21) に戻って，両辺を p で偏微分するとつぎのようになる。

$$\frac{\partial f}{\partial p} = xg(x) + (x^2 + p^{(k)}x + q^{(k)})\frac{\partial g}{\partial p} + \frac{\partial r}{\partial p}x + \frac{\partial s}{\partial p} \tag{9.29}$$

また，q で偏微分すると次式のようになる。

$$\frac{\partial f}{\partial q} = g(x) + (x^2 + p^{(k)}x + q^{(k)})\frac{\partial g}{\partial q} + \frac{\partial r}{\partial q}x + \frac{\partial s}{\partial q} \tag{9.30}$$

ここで p，q は式 (9.18) には存在しないから，つぎの関係が得られる。

$$\frac{\partial f}{\partial p} = 0, \quad \frac{\partial f}{\partial q} = 0 \tag{9.31}$$

式 (9.29)～(9.31) よりつぎの式が得られる。

$$xg(x) = -(x^2 + p^{(k)}x + q^{(k)})h_1(x) - \alpha x - \beta \tag{9.32}$$

$$g(x) = -(x^2 + p^{(k)}x + q^{(k)})h_2(x) - \gamma x - \delta \tag{9.33}$$

$$\left.\begin{aligned} h_1(x) &= x^{n-3} + c_1x^{n-4} + \cdots + c_{n-4}x + c_{n-3} \\ h_2(x) &= x^{n-4} + c_1x^{n-5} + \cdots + c_{n-5}x + c_{n-4} \end{aligned}\right\} \tag{9.34}$$

式 (9.32)，(9.33) を展開して，$h(x)$ と $g(x)$ の各係数を比較することにより，余りの係数 α，β，γ，δ についてつぎの関係を得る。

$$\alpha = b_{n-2} - q^{(k)}c_{n-4} \tag{9.35}$$

$$\beta = 0 \tag{9.36}$$

$$\gamma = b_{n-3} - p^{(k)}c_{n-4} - q^{(k)}c_{n-5} \tag{9.37}$$

$$\delta = b_{n-2} - q^{(k)}c_{n-4} \tag{9.38}$$

この係数をさらに簡略化したつぎの連立方程式を解くことによって，Δp および Δq を計算する。

$$\begin{aligned} & c_{n-2}\Delta p + c_{n-3}\Delta q = b_{n-1} \\ & (c_{n-1} - b_{n-1})\Delta p + c_{n-2}\Delta q = b_n \end{aligned} \tag{9.39}$$

得られた Δp および Δq の値によって，$p^{(k)}$，$q^{(k)}$ の値を更新する。

$$\begin{aligned} p^{(k+1)} &= p^{(k)} + \Delta p \\ q^{(k+1)} &= q^{(k)} + \Delta q \end{aligned} \tag{9.40}$$

ベアストウ・ヒッチコック法も繰返し演算によって近似値を求める方法であるので，収束条件を付加することによって，ある程度の精度で計算を打ち切らなければならない。

例題 9.3　つぎの代数方程式を 2 次式および 1 次式の積の形に分解して解を求めよ。

$$x^3 + 3x^2 + 5x + 3 = 0$$

【解答】　問題の代数方程式を 2 次式と 1 次式の積の形に分解すると次式のようになる。

$$(x+1)(x^2+2x+3) = 0$$

したがって，解は $x = -1,\ -1 \pm \sqrt{2}i$ となる。　◇

9.3　DKA 法による解法

9.3.1　デュラン・カーナーの公式

先に説明したニュートン法に対してデュラン（Durand）とカーナー（Kerner）が修正を行い，その初期値としてアバース（Aberth）の初期値を用いた方法をそれぞれの頭文字をとって **DKA 法**という。この方法はつぎのような代数方程式の解を求める方法である。

$$f(z) = a_0 z^n + a_1 z^{n-1} + \cdots + a_{n-1} z + a_n = 0 \tag{9.41}$$

この代数方程式を解くためのニュートン法の公式を，解が複素数であることを強調して変数 z で記述するとつぎのようになる。

$$z^{(k+1)} = z^{(k)} - \frac{f(z^{(k)})}{f'(z^{(k)})} \tag{9.42}$$

式 (9.42) の $f'(z)$ は，式 (9.41) を直接微分して求めることができるが，ここでは違った方法で求めることにする。まず，代数方程式の解を α_j とする。

代数方程式は次式のように変形できる。

$$f(z) = a_0(z-\alpha_1)(z-\alpha_2)\cdots(z-\alpha_n) = a_0\prod_{j=1}^{n}(z-\alpha_j) \tag{9.43}$$

上式で $\prod_{j=1}^{n} x_j$ は x_1 から x_n までの積を表す。式 (9.43) を変数 z で微分すると次式のようになる。

$$f'(z) = a_0\sum_{i=1}^{n}\prod_{\substack{j=1\\ j\neq i}}^{n}(z-\alpha_j) \tag{9.44}$$

上式で $z=\alpha_i$ のとき $f'(z)$ の式はつぎのようになる。

$$f'(\alpha_i) = a_0\prod_{\substack{j=1\\ j\neq i}}^{n}(\alpha_i-\alpha_j) \tag{9.45}$$

計算時の α_i の近似値を z_i とすると，$f'(z_i)$ はつぎのように表される。

$$f'(z_i) = a_0\prod_{\substack{j=1\\ j\neq i}}^{n}(z_i-z_j) \quad (1\leqq i\leqq n) \tag{9.46}$$

もともとのニュートン法の公式の $f'(z^{(k)})$ に上式を用いることにより，解を求めることができる。結果として n 個の解に対するニュートン法の公式は $(k+1)$ 回目の更新において，つぎのようになる。この公式を**デュラン・カーナー**（Durand–Kerner）**の公式**という。

$$z_i^{(k+1)} = z_i^{(k)} - \frac{f(z_i^{(k)})}{a_0\prod_{\substack{j=1\\ j\neq i}}^{n}(z_i^{(k)}-z_j^{(k)})} \tag{9.47}$$

9.3.2 アバースの初期値

ニュートン法が一つ一つの解に対して適当な初期値を与え，解を1個ずつ求めるものであったのに対し，デュラン・カーナーの公式は，z の初期値を $z^{(0)}$ として繰り返し使い，n 個の解 α_i $(i=1,\cdots,n)$ をまとめて求める公式であった。デュラン・カーナーの公式についても解を求めるための効果的な初期値があればそれに越したことはない。ここで，デュラン・カーナーの公式 (9.47) には，つぎのような特徴があることが知られている。

$$z_1^{(k)} + z_2^{(k)} + \cdots + z_n^{(k)} = -\frac{a_1}{a_0} \tag{9.48}$$

解を求める際の更新演算で現れる近似解 $z_i^{(k)}$ はつねに上式を満たしながら解に収束していく。n 個の初期値 $z_i^{(0)}$ $(i = 1, \cdots, n)$ はつぎに示す n 個の解 α_i の複素平面状の重心を中心として，n 個の解すべてを含むような半径 R の円周上に等間隔に配置するのがよい。

$$z_c = \frac{\alpha_1 + \alpha_2 + \cdots + \alpha_n}{n} = -\frac{a_1}{na_0} \tag{9.49}$$

そのような配置のための公式はつぎのようになり，この初期値のことを**アバースの初期値**という。

$$z_i^{(0)} = -\frac{a_1}{na_0} + R\exp\left\{j\frac{2\pi}{n}\left(i - \frac{3}{4}\right)\right\} \quad (1 \leqq i \leqq n) \tag{9.50}$$

上式中の文字 j は虚数単位を表している。また式 (9.50) で決定していないのが R の値である。この値はつぎのようにして決定するとよい。まず，$f(z)$ を解の中心 $z_c = -a_1/na_0$ のまわりで展開する。

$$f(z) = b_0(z - z_c)^n + b_1(z - z_c)^{n-1} + \cdots + b_n = 0 \tag{9.51}$$

上式の b_i は次式のように計算することができる。

$$b_{n-k} = \frac{1}{k!}f^{(k)}(z_c) \tag{9.52}$$

式 (9.51) において絶対値最大の解を求めればよいので，式 (9.51) をもとにつぎのような方程式を作って r の値を計算する。

$$h(r) = |b_0|r^n + |b_1|r^{n-1} + \cdots + |b_{n-1}|r + |b_n| = 0 \tag{9.53}$$

上式 $h(r) = 0$ は必ず一つの正の実数解 r をもつ。アバースの初期値では，得られた実数解 r を R の値とする。しかし，実数解 r を計算することで全体の計算量が多くなってしまうことから，$h(r) = 0$ を計算するために利用しているつぎの初期値 r_0 を R の値とすることが多い。

$$r_0 = \max_i \left(n\left|\frac{b_i}{b_0}\right|\right)^{1/i} \quad (i = 1, \cdots, n) \tag{9.54}$$

コーヒーブレイク

DKA 法の初期値について

まず，DKA 法の解の収束について説明しなければならない。DKA 法はアバースの初期値から始まってすべての解に収束していくが，そのときに解の収束速度の和が一定に保たれるという特徴がある。一部の解の収束速度が極端に速い場合には，他の解の収束が遅れてしまうことになる。一部の解の収束が速くなってしまう理由としてはつぎのようなものがある。

(1)　一部の解の位置と初期値との誤差が極端に大きい場合

(2)　一部の解が実数解で，初期値も実数になってしまった場合

アバースの初期値ではすべての解の重心を中心として初期値を設定するので，(1) の場合は避けられている。また，アバースの初期値の指数関数の中に 3/4 という値を設けて解 α が実数であっても $z_i^{(0)}$ が実数にならないようにして，(2) の場合を回避している。指数関数の中の定数は $1-3/(4\pi)$ とする場合もある。

章　末　問　題

(1)　ニュートン法を用いてつぎの非線形方程式の数値解を求めるプログラムを作成せよ。ただし，初期値を $x_{10}=0.5$，$x_{20}=1.0$ とする。

$$f_1(x_1,x_2)=2x_1^3-x_2^3-9=0$$

$$f_2(x_1,x_2)=x_1^3-2x_2^3-4=0$$

10 数理計画法

9章では非線形方程式の解法としてニュートン法やベアストウ・ヒッチコック法などについて説明した。非線形方程式の求解に類似した問題で数理計画問題というものがある。問題を非線形関数で記述することは同様であるが，最終的な解としては非線形関数の最小値や最大値のような最適解を求める。このような問題を解く場合には勾配（こうばい）を利用した方法がよく用いられる。ここでは最急降下法，共役勾配法などについて説明する。

10.1 最急降下法

ここではまず最急降下法の考え方を説明し，そのアルゴリズムの中で必要となる最適ステップ幅の求め方，最急降下法の欠点について順を追って説明する。

10.1.1 勾配を利用した最適解の求め方

つぎのような2次式を考えるとき，この問題の最小値を求めるにはどのようにすればよいだろうか。

$$f(x) = x^2 - 4x + 7 \tag{10.1}$$

上式を図に表すと図 **10.1** のようになる。数式的に求める場合には，つぎのように式を変形する。

$$f(x) = (x-2)^2 + 3 \tag{10.2}$$

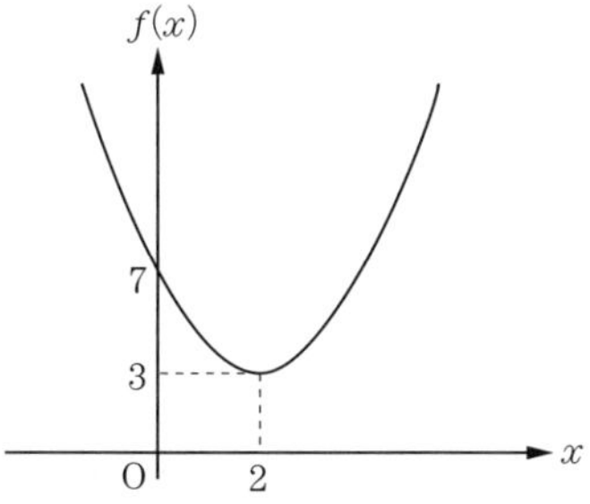

図 10.1 零点をもたない 2 次関数

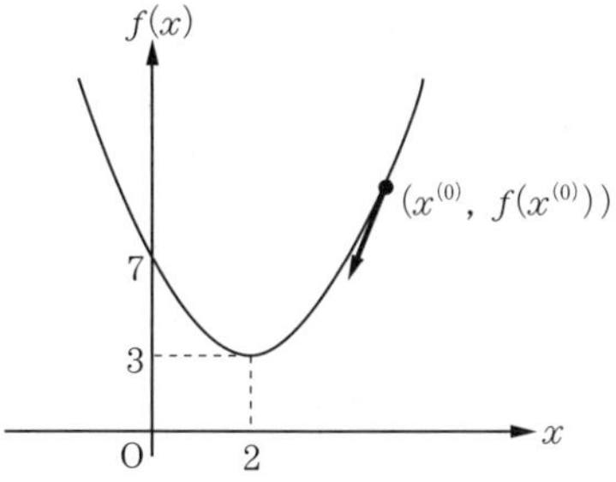

図 10.2 2 次関数の降下方向

実数空間における最小値を考えると，式 (10.2) の右辺第 1 項は $0 \leqq (x-2)^2$ であるから $x=2$ のときに最小値 $f(x)=3$ になる。それではこの問題を数値解析によって求めるにはどうしたらよいだろうか。もちろん，いろいろな解法が考えられるが，工学的によく用いられる方法として図 **10.2** に示す**勾配** (gradient) を利用した方法がある。数値的に解を求める場合にはまず初期値を与えて，その値をもとに更新を行うのが普通である。いま初期値を $x^{(0)}$ とすると，$x^{(0)}$ における降下方向 $s^{(0)}$ はつぎのように表すことができる。

$$s^{(0)} = -\frac{df(x^{(0)})}{dx} \tag{10.3}$$

初期値 $x^{(0)}$ をもとに近似解を順次求めていくにはつぎの漸化式を用いる。

$$x^{(k+1)} = x^{(k)} - \alpha\frac{df(x^{(k)})}{dx} \tag{10.4}$$

式 (10.4) において添え字 (k) は第 k 近似値を表す。ここで α は降下方向へのステップ幅である。このように，降下方向に対してあるステップ幅で更新を行い，最適値を求めていく方法を**最急降下法** (method of steepest decent) という。

勾配という概念は多変数の式について定義されていて，最急降下法も多変数の式に対して定義されている。いま変数はベクトルで，つぎのように与えられるものとする。

$$\boldsymbol{x} = (x_1, x_2, \cdots, x_n)^t \tag{10.5}$$

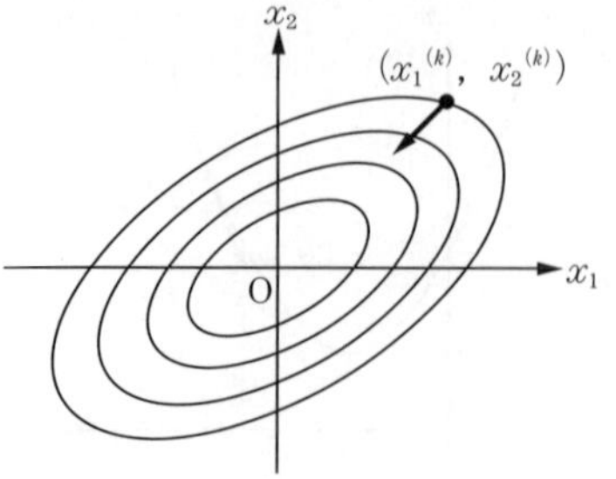

図 **10.3**　2 変数の最急降下方向

このとき図 **10.3** に示すような第 k 近似解 $\boldsymbol{x}^{(k)}$（初期値は $\boldsymbol{x}^{(0)}$）における勾配 $\nabla f(\boldsymbol{x}^{(k)})$ はつぎのようになる。

$$\nabla f(\boldsymbol{x}^{(k)}) = \left(\frac{\partial f(\boldsymbol{x}^{(k)})}{\partial x_1}, \cdots, \frac{\partial f(\boldsymbol{x}^{(k)})}{\partial x_n} \right) \tag{10.6}$$

降下方向を $\boldsymbol{s}^{(k)}$ とすると降下方向と勾配の関係はつぎのようになる。

$$\boldsymbol{s}^{(k)} = -\nabla f(\boldsymbol{x}^{(k)})^t \tag{10.7}$$

上式で添え字 t は転置を表す。ステップ幅を α とすると解は次式を用いて更新していくことができる。

$$\boldsymbol{x}^{(k+1)} = \boldsymbol{x}^{(k)} + \alpha \boldsymbol{s}^{(k)} \tag{10.8}$$

ステップ幅 α の値の決め方については，いろいろな方法が提案されている。よく知られている方法としては，**逐次 2 分割法**，**黄金分割法**，**フィボナッチ法**などがある。計算効率は悪くなるが，微小な定数を利用する方法もある。

例題 10.1　つぎの関数 $f(x_1, x_2)$ について初期値を $(x_1^{(0)}, x_2^{(0)})^t = (0, 0)^t$ としたときに，最急降下法による第 1 近似解を求めよ。ただし，ステップ幅を $\alpha = 0.1$ とする。また，関数の値を最小にする x_1, x_2 を求めよ。

$$f(x_1, x_2) = (x_1 - 1)^2 + 4(x_2 - 2)^2$$

【解答】　降下方向を求める式はつぎのようになる。

$$\boldsymbol{s} = -\nabla f(\boldsymbol{x}) = (-2(x_1 - 1),\ -8(x_2 - 2))$$

この式より，初期値を $(x_1^{(0)}, x_2^{(0)})^t = (0,0)^t$ としたときの降下方向は $(2,16)^t$ となる。ステップ幅 $\alpha = 0.1$ を用いて第 1 近似解を求めるとつぎのようになる。

$$\begin{aligned}\boldsymbol{x}^{(1)} &= \boldsymbol{x}^{(0)} - \alpha \nabla f(\boldsymbol{x}^{(0)})^t \\ &= (0,0)^t + 0.1(2,16)^t = (0.2, 1.6)^t\end{aligned}$$

このように第 1 近似解は $(x_1^{(1)}, x_2^{(1)})^t = (0.2, 1.6)^t$ となる。

つぎに，この問題の実数空間での解は $0 \leqq (x_1 - 1)^2$，$0 \leqq 4(x_2 - 2)^2$ であり，それぞれが独立に成り立つことから解析的に求めることができ，$(x_1, x_2) = (1, 2)$ のとき最小値 $f(x_1, x_2) = 0$ となる。 ◇

10.1.2 逐次 2 分割法によるステップ幅の決定

最急降下法のアルゴリズムの中にステップ幅というものが含まれている。先にも説明したとおり，簡単のためにはステップ幅は微小な定数を用いてもよい。しかし，その場合には計算効率が悪くなり，大きな問題では必要以上に計算時間がかかってしまう。計算効率を上げるためには，最急降下法の第 k 近似解における最適ステップ幅を用いる必要がある。つまり最急降下法の中に，さらにステップ幅を求めるための数理計画問題があることになる。二重構造の数理計画問題というのは計算効率が悪そうに見えるかもしれないが，実際の計算では微小定数を用いた場合に比べてはるかに効率がよくなる。最適ステップ幅を求める数理計画法としてはいろいろなものがあるが，ここでは逐次 2 分割法について説明することにする。

(1) 初期設定

逐次 2 分割法によるステップ幅の決定は，基本的には 1 次元の**最適値探索法**である。まず，最適値の存在する可能性のある区間として初期区間 $[a^{(0)}, b^{(0)}]$ を与える。このとき，実用上は $a^{(0)} = 0$，$b^{(0)}$ は適当に大きな正数 とする。また，α の最適値探索のための反復回数初期値として $k = 0$ とする。

(2) 計算の終了判定

ここで計算の終了条件を説明する。あらかじめ正の微小量 ε を与えておき，つぎの終了条件による判定を行う。

$$|b^{(k)} - a^{(k)}| < \varepsilon \tag{10.9}$$

終了条件を満足した場合には，最適ステップ幅をつぎのようにする。

$$\alpha = \alpha^{(k)} = \frac{a^{(k)} + b^{(k)}}{2} \tag{10.10}$$

(3)　解の存在区間の更新

終了条件を満たさない場合には解の存在区間の更新を行う。最急降下法の対象となっている関数 $f(\boldsymbol{x})$ について，現在計算されている $\alpha^{(k)}$ を用いた場合にはどの程度の効果が得られるかを計算で求める。ここで変数 $u^{(k)}$, $v^{(k)}$ を導入してつぎのように値を求める。このとき δ はあらかじめ与えておく正の微小量である。

$$u^{(k)} = \alpha^{(k)} - \delta, \quad v^{(k)} = \alpha^{(k)} + \delta \tag{10.11}$$

変数 $u^{(k)}$, $v^{(k)}$ によって関数 $f(\boldsymbol{x})$ を計算する。このとき，$f(v^{(k)}) \leqq f(u^{(k)})$ ならば $a^{(k+1)} = u^{(k)}$, $b^{(k+1)} = b^{(k)}$ とし，$f(u^{(k)}) < f(v^{(k)})$ ならば $a^{(k+1)} = a^{(k)}$, $b^{(k+1)} = v^{(k)}$ として最適値の存在する区間を更新する。区間更新した結果をもとに改めて終了判定を行う。終了判定が出るまでこの操作を繰り返して，最適なステップ幅 α を求める。

ここでは逐次 2 分割法でステップ幅を求める方法について示したが，扱う問題によっては黄金分割法やフィボナッチ法がより効率的な場合がある。ここで最急降下法のアルゴリズムをまとめておくことにする。

step 1:　解の第 0 近似解（初期値）$\boldsymbol{x}^{(0)}$ を与える。また，このときの反復回数のパラメータを $k = 0$ とする。

step 2:　第 k 近似解 $\boldsymbol{x}^{(k)}$（初期値は $\boldsymbol{x}^{(0)}$）における降下方向 $\boldsymbol{s}^{(k)}$ を求める。

step 3:　$||\nabla f(\boldsymbol{x}^{(k)})|| < \varepsilon$（$\varepsilon$ はあらかじめ与えておいた正の微小量）となったときに計算を終了する。終了しないときは step 4 に進む。

step 4:　降下方向 $\boldsymbol{s}^{(k)}$ におけるステップ幅 α を逐次 2 分割法によって求める。ステップ幅を求める方法としては逐次 2 分割法以外の方法でもよい。

step 5: $\boldsymbol{s}^{(k)}$ とステップ幅 α を用いて第 $k+1$ 近似解 $\boldsymbol{x}^{(k+1)}$ を求める。

step 6: $k=k+1$ として step 2 に戻って計算を繰り返す。

10.1.3 最急降下法の欠点

最急降下法は空間の中のある点における最急降下方向を用いて解を更新していく方法である。降下方向は空間上の第 k 近似解の位置において独立に求められる降下方向であり過去の履歴は反映されないので，かならずしも最適解に向かう最適な降下方向が得られているわけではない。したがって図 ***10.4*** に示すように，最適解に到達するまでに無駄な動きが多くなる可能性もある。このような例として，2 次元の場合には状態空間中の等高線が細長い楕円(だえん)形になると特に無駄な動きが多くなるといわれている。等高線の形状が複雑になるほど解の無駄な挙動が計算効率に影響を与えることになり，最適解を求めること自体に支障をきたす場合もある。

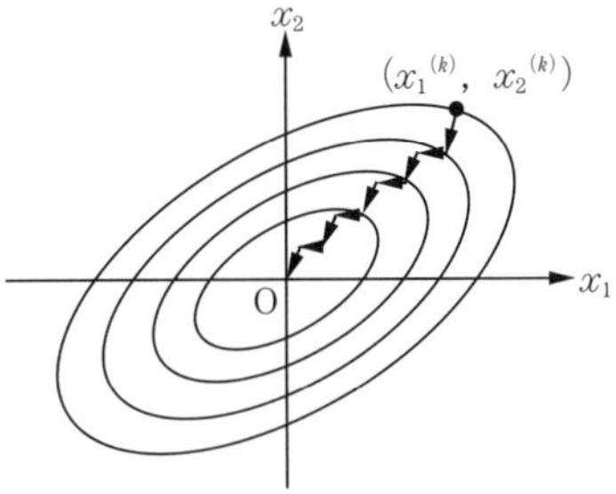

図 ***10.4*** 最急降下法の欠点

最急降下法でこのようなことが起こる原因について考えてみることにする。最急降下法の第 k 近似解の周辺の値を $\boldsymbol{x}^{(k)}+\boldsymbol{u}$ とするとき，関数 $f(\boldsymbol{x})$ を第 k 近似解の周りでテーラー展開するとつぎのようになる。

$$f(\boldsymbol{x}^{(k)}+\boldsymbol{u}) = f(\boldsymbol{x}^{(k)}) + \nabla f(\boldsymbol{x}^{(k)})\boldsymbol{u} + \cdots \tag{10.12}$$

最急降下法は上式の右辺第 2 項の係数 $\nabla f(\boldsymbol{x}^{(k)})$ を利用して解の更新を行っている。2 次以上の項を無視しているために，関数 $f(\boldsymbol{x})$ によって作られる等高線の形状によっては無駄な軌道を取ることになるのである。

10.2 共役勾配法

互いに干渉しない方向のことを**共役な方向**（conjugate direction）という。このような考えをもとにして作られた方法が**共役勾配法**（conjugate gradient method）である。ただし，共役勾配法を利用する場合につぎの条件を満足している必要がある。

共役勾配法の利用条件：

(1) 空間上の任意の点で関数の勾配 $\nabla f(\boldsymbol{x})$ が計算できる。

(2) 特定の $\boldsymbol{x}$, $\boldsymbol{u}$ について $f(\boldsymbol{x}+\lambda\boldsymbol{u})$ を最小化する λ の値を求められる。

共役勾配法の降下方向

共役勾配法も勾配を使った最適化手法であるから基本的な考え方は最急降下法と同じである。共役勾配法の第 k 近似解の周辺の値を $\boldsymbol{x}^{(k)}+\boldsymbol{u}$ とするとき，関数 $f(\boldsymbol{x})$ を第 k 近似解の周りでテーラー展開して 3 次以上の項を無視するとつぎのようになる。

$$f(\boldsymbol{x}^{(k)}+\boldsymbol{u}) = f(\boldsymbol{x}^{(k)}) + \nabla f(\boldsymbol{x}^{(k)})\boldsymbol{u} + \frac{1}{2}\boldsymbol{u}^t\boldsymbol{A}\boldsymbol{u} \tag{10.13}$$

上式で行列 $\boldsymbol{A}$ は点 $\boldsymbol{x}^{(k)}$ における**ヘッセ行列**（Hessian matrix）である。ヘッセ行列はつぎのように表すことができる。

$$\boldsymbol{A} = \begin{bmatrix} \dfrac{\partial^2 f(\boldsymbol{x})}{\partial x_1 \partial x_1} & \dfrac{\partial^2 f(\boldsymbol{x})}{\partial x_1 \partial x_2} & \cdots & \dfrac{\partial^2 f(\boldsymbol{x})}{\partial x_1 \partial x_n} \\ \dfrac{\partial^2 f(\boldsymbol{x})}{\partial x_2 \partial x_1} & \dfrac{\partial^2 f(\boldsymbol{x})}{\partial x_2 \partial x_2} & \cdots & \dfrac{\partial^2 f(\boldsymbol{x})}{\partial x_2 \partial x_n} \\ \vdots & \vdots & \ddots & \vdots \\ \dfrac{\partial^2 f(\boldsymbol{x})}{\partial x_n \partial x_1} & \dfrac{\partial^2 f(\boldsymbol{x})}{\partial x_n \partial x_2} & \cdots & \dfrac{\partial^2 f(\boldsymbol{x})}{\partial x_n \partial x_n} \end{bmatrix}_{\boldsymbol{x}=\boldsymbol{x}^{(k)}} \tag{10.14}$$

式 (10.13) からわかるように第 k 近似解 $\boldsymbol{x}^{(k)}$ における関数 $f(\boldsymbol{x})$ の勾配 $\boldsymbol{s}^{(k)}$ はつぎのように近似することができる。

$$\boldsymbol{s}^{(k)} = -\nabla f(\boldsymbol{x}^{(k)})^t - \boldsymbol{A}\boldsymbol{x}^{(k)} \tag{10.15}$$

降下方向として上式の右辺第1項だけを用いたのが最急降下法である。共役勾配法では第2項を勾配の補正項として利用するので，図 **10.5** に示すようにによりよい軌道で最適解に近づく。共役勾配法ではつぎのように降下方向を仮定する。つまり，過去の勾配方向の履歴を用いて補正を行うのである。

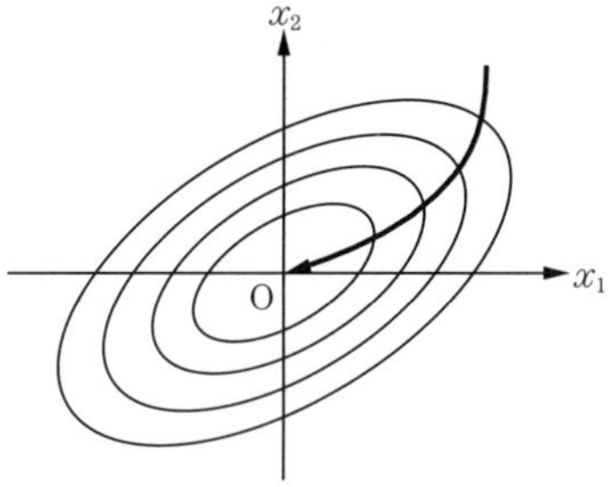

図 **10.5**　共役勾配法の降下方向

$$\boldsymbol{s}^{(k)} = -\nabla f(\boldsymbol{x}^{(k)})^t + \sum_{j=0}^{k-1} \lambda^{(j)} \boldsymbol{s}^{(j)} \tag{10.16}$$

ここで降下方向が共役であるとは，つぎの条件が成り立つことをいう。

$$\left(\boldsymbol{s}^{(k)}\right)^t \boldsymbol{A}\boldsymbol{s}^{(j)} = 0 \tag{10.17}$$

$i \neq j$ かつ $\left(\boldsymbol{s}^{(i)}\right)^t \boldsymbol{A}\boldsymbol{s}^{(j)} = 0$ のときにはつぎの関係が得られる。

$$\begin{aligned}&\left(-\nabla f(\boldsymbol{x}^{(k)})^t + \sum_{j=0}^{k-1} \lambda^{(j)} \boldsymbol{s}^{(j)}\right)^t \boldsymbol{A}\boldsymbol{s}^{(j)}\\&\quad = -\nabla f(\boldsymbol{x}^{(k)})\boldsymbol{A}\boldsymbol{s}^{(j)} + \left(\lambda^{(j)}\boldsymbol{s}^{(j)}\right)^t \boldsymbol{A}\boldsymbol{s}^{(j)} = 0\end{aligned} \tag{10.18}$$

上式より係数 $\lambda^{(j)}$ はつぎのように計算できる。

$$\lambda^{(j)} = \frac{\nabla f(\boldsymbol{x}^{(k)})\boldsymbol{A}\boldsymbol{s}^{(j)}}{(\boldsymbol{s}^{(j)})^t \boldsymbol{A}\boldsymbol{s}^{(j)}} \tag{10.19}$$

これより，共役勾配法の降下方向は次式のように簡略化される。

$$\boldsymbol{s}^{(k)} = -\nabla f(\boldsymbol{x}^{(k)})^t + \lambda^{(k-1)}\boldsymbol{s}^{(k-1)} \tag{10.20}$$

式 (10.20) において，$\boldsymbol{q}^{(k)} = \nabla f(\boldsymbol{x}^{(k)})^t - \nabla f(\boldsymbol{x}^{(k-1)})^t = \alpha^{(k)} \boldsymbol{A}\boldsymbol{s}^{(k)}$ とするとつぎに示すように係数行列 $\boldsymbol{A}$ を含まない式として定式化することができる。ここで $\alpha^{(k)}$ は k 回目の更新におけるステップ幅である。

$$\lambda^{(k)} = \frac{\nabla f(\boldsymbol{x}^{(k)})\boldsymbol{q}^{(k)}}{(\boldsymbol{s}^{(k)})^t \boldsymbol{q}^{(k)}} = \frac{||\nabla f(\boldsymbol{x}^{(k)})||^2}{||\nabla f(\boldsymbol{x}^{(k-1)})||^2} \tag{10.21}$$

式 (10.21) は**フレッチャー・リーブス**（Fletcher-Reeves）**の公式**としてよく知られている。ここで共役勾配法のアルゴリズムをまとめておく。

step 1:　解の第 0 近似解 $\boldsymbol{x}^{(0)}$ を与える。また，このときの反復回数のパラメータを $k=0$ とする。

step 2:　第 k 近似解 $\boldsymbol{x}^{(k)}$（初期値は $\boldsymbol{x}^{(0)}$）における最急降下法による降下方向 $\boldsymbol{s}^{(k)} = -\nabla f(\boldsymbol{x}^{(k)})^t$ を求める。

step 3:　$||\nabla f(\boldsymbol{x}^{(k)})|| < \varepsilon$（$\varepsilon$ はあらかじめ与えておいた正の微小量）となったときに計算を終了する。終了しないときには step 4 に進む。

step 4:　第 k 近似解 $\boldsymbol{x}^{(k)}$ および第 $k-1$ 近似解 $\boldsymbol{x}^{(k-1)}$ を用いて $\lambda^{(k)}$ を求め，共役勾配法における最適な降下方向 $\boldsymbol{s}^{(k)}$ を求める。

step 5:　$\boldsymbol{s}^{(k)}$ におけるステップ幅 α を逐次 2 分割法によって求める。もちろんステップ幅を求める方法としては逐次 2 分割法以外の方法でもよい。

step 6:　降下方向 $\boldsymbol{s}^{(k)}$ と最適ステップ幅 α によって第 $k+1$ 次近似解 $\boldsymbol{x}^{(k+1)} = \boldsymbol{x}^{(k)} + \alpha \boldsymbol{s}^{(k)}$ を求める。

step 7:　$k = k+1$ として step 2 に戻って計算を繰り返す。

10.3　ニュートン法の応用

ニュートン法は非線形方程式の解法であるが，数理計画法へ応用することもできる。まず，与えられた式は非線形方程式ではなく評価関数の形式になっているので，これを非線形方程式に変換することにする。

いま図 **10.6** に示すような評価関数を $f(x)$ とする。制約条件なしで $f(x)$ の

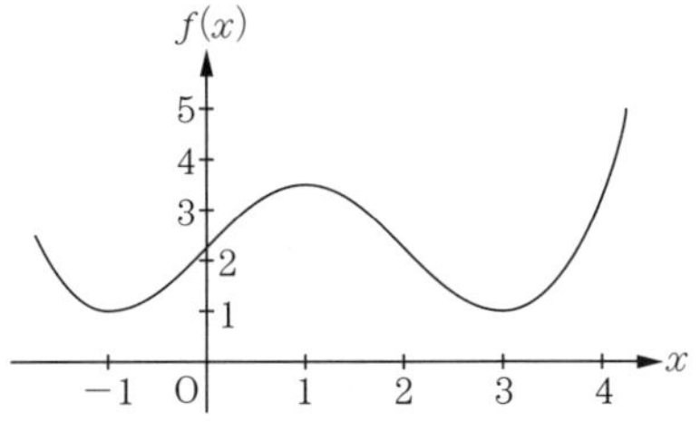

図 **10.6** 零点をもたない 4 次関数

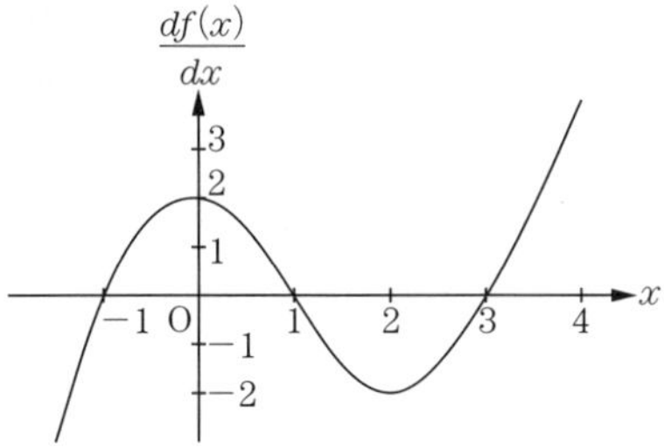

図 **10.7** ニュートン法適用のための処理

最小値あるいは最大値を求める問題は，評価関数の極値を求める問題と等価である。このような場合には図 **10.7** に示すような $f(x)$ を微分した関数によって考察する。評価関数が $\boldsymbol{x} = (x_1, x_2)$ の 2 変数関数 $f(\boldsymbol{x})$ のとき，$\boldsymbol{x}_{opt}$ を関数の極値における変数の値とするとつぎの式を得ることができる。

$$\nabla f(\boldsymbol{x}_{opt})^t = \left(\frac{\partial f(\boldsymbol{x}_{opt})}{\partial x_1}, \frac{\partial f(\boldsymbol{x}_{opt})}{\partial x_2}\right)^t = (0,0)^t \qquad (10.22)$$

式 (10.22) において添え字 t はベクトルの転置を表す。また，式 (10.22) は連立非線形代数方程式の形式になっているから，ニュートン法を用いて解くことができる。式 (10.22) について第 k 近似解 $\boldsymbol{x}^{(k)}$ を用いて $\boldsymbol{x}_{opt} = \boldsymbol{x}^{(k)} + \Delta\boldsymbol{x}$ としてテーラー展開し，微小量 $\Delta\boldsymbol{x}$ の 2 次以上の項を無視するするとつぎのようになる。

$$\nabla f(\boldsymbol{x}^{(k)} + \Delta\boldsymbol{x})^t = \nabla f(\boldsymbol{x}^{(k)})^t + \boldsymbol{H}\Delta\boldsymbol{x} = 0 \qquad (10.23)$$

ここで $\boldsymbol{H}$ は式 (10.14) に示したヘッセ行列であり，この式から変位 $\Delta\boldsymbol{x}$ はつぎのように表すことができる。

$$\Delta\boldsymbol{x} = -\boldsymbol{H}^{-1}\nabla f(\boldsymbol{x}^{(k)})^t \qquad (10.24)$$

この変位を利用して，更新式をつぎのように表すことができる。

$$\boldsymbol{x}^{(k+1)} = \boldsymbol{x}^{(k)} + \Delta\boldsymbol{x} \qquad (10.25)$$

ニュートン法は変位を求める際に逆行列の計算をしなければならないので，

ヘッセ行列 $\boldsymbol{H}$ が正則でなければ（逆行列をもたなければ）計算をすることができない。また正則であっても**正定値行列**（positive diffinite matrix）（固有値がすべて正の値の行列）でなければ，変位が必ずしも収束する方向にならないなどの問題点がある。

例題 10.2　ニュートン法によりつぎの関数 $f(x_1, x_2)$ の第 1 近似解 $x_1^{(1)}, x_2^{(1)}$ を求めよ。ただし，初期値を $(x_1^{(0)}, x_2^{(0)})^t = (1, 2)^t$ とする。また，この関数の値を最小にする x_1, x_2 の値とそのときの $f(x_1, x_2)$ の値を求めよ。

$$f(x_1, x_2) = x_1^2 - x_1 x_2 + 3x_2^2$$

【解答】　ニュートン法を用いる場合には，まず $f(x_1, x_2)$ を変数 x_1，x_2 で偏微分して二つの連立方程式を求める。

$$f_1(x_1, x_2) = \frac{\partial f(x_1, x_2)}{\partial x_1} = 2x_1 - x_2 = 0$$

$$f_2(x_1, x_2) = \frac{\partial f(x_1, x_2)}{\partial x_2} = -x_1 + 6x_2 = 0$$

また，関数 $f(x_1, x_2)$ のヘッセ行列を求めるとつぎのようになる。

$$\boldsymbol{H} = \begin{bmatrix} 2 & -1 \\ -1 & 6 \end{bmatrix}$$

これより解 $\boldsymbol{x}$ の更新式はつぎのようになる。

$$\begin{bmatrix} x_1^{(1)} \\ x_2^{(1)} \end{bmatrix} = \begin{bmatrix} x_1^{(0)} \\ x_2^{(0)} \end{bmatrix} - \boldsymbol{H}^{-1} \begin{bmatrix} 2x_1^{(0)} - x_2^{(0)} \\ -x_1^{(0)} + 6x_2^{(0)} \end{bmatrix}$$

$$= \begin{bmatrix} 1 \\ 2 \end{bmatrix} - \frac{1}{11} \begin{bmatrix} 6 & 1 \\ 1 & 2 \end{bmatrix} \begin{bmatrix} 0 \\ 11 \end{bmatrix} = \begin{bmatrix} 0 \\ 0 \end{bmatrix}$$

このように第 1 近似解は $(x_1, x_2)^t = (0, 0)^t$ である。また，この最小値は $(x_1, x_2)^t = (0, 0)^t$ のとき $f(x_1, x_2) = 0$ となる。この問題では第 1 近似解を求めた時点で最小値が得られている。　◇

ニュートン法を用いて最小値を求めるアルゴリズムをつぎに示す。

step 1:　あらかじめ問題となっている評価関数について第 k 近似解 $\boldsymbol{x}^{(k)}$ における勾配を計算する式を誘導しておく。また，第 k 近似解 $\boldsymbol{x}^{(k)}$

における ヘッセ行列も求めておく。第 0 近似解（初期値）としては適当な値を与えておく。

step 2: 第 k 近似解 $\boldsymbol{x}^{(k)}$（初期値は $\boldsymbol{x}^{(0)}$）における勾配およびヘッセ行列の値を計算し，変位 $\Delta\boldsymbol{x}$ を求める。

step 3: 第 k 近似解 $\boldsymbol{x}^{(k)}$ と変位 $\Delta\boldsymbol{x}$ から第 $k+1$ 近似解 $\boldsymbol{x}^{(k+1)}$ を求める。

step 4: 第 k 近似解 $\boldsymbol{x}^{(k)}$ と第 $k+1$ 近似解 $\boldsymbol{x}^{(k+1)}$ のノルムなどにより終了判定を行う。終了しない場合には step 2 に戻って処理を繰り返す。

ここでは最小値を求めるアルゴリズムについて示したが，最大値を求める場合には評価関数を逆符合にして同じアルゴリズムを利用することができる。

章　末　問　題

(1) 最急降下法を用いてつぎの非線形関数の最小値とそのときの x_1，x_2 の値を求めるプログラムを作成せよ。ただし，初期値を $(x_1, x_2) = (0.0, 0.0)$ とする。また，ステップ幅は $\alpha = 0.1$ で固定とする。

$$f(x_1, x_2) = (x_1 - 2)^2 + (x_1 - 2x_2)^2$$

11 数 値 積 分

関数を数式的に積分する手法については，高校および大学の数学の授業で扱っている。実際の研究や実験では，数式的に解ける問題ばかりを扱うわけではない。そのような場合には，数値的に積分するということが必要となる。この章では，台形公式やシンプソンの公式など数値積分に対してよく使われている手法について説明する。

11.1 台 形 公 式

データ点列が与えられたときの**数値積分**（numerical integration）で最も基本的なものは，**台形公式**（trapezoidal rule）を使う方法である。いま，データ点 (x_i, y_i) $(i = 0, \cdots, n)$ が与えられたとすると，図 ***11.1*** に示すデータ点 (x_i, y_i) とデータ点 (x_{i+1}, y_{i+1}) の間の積分値はつぎの公式で計算することができる。

$$\int_{x_i}^{x_{i+1}} y(x)dx \simeq \frac{y_i + y_{i+1}}{2}(x_{i+1} - x_i) \tag{11.1}$$

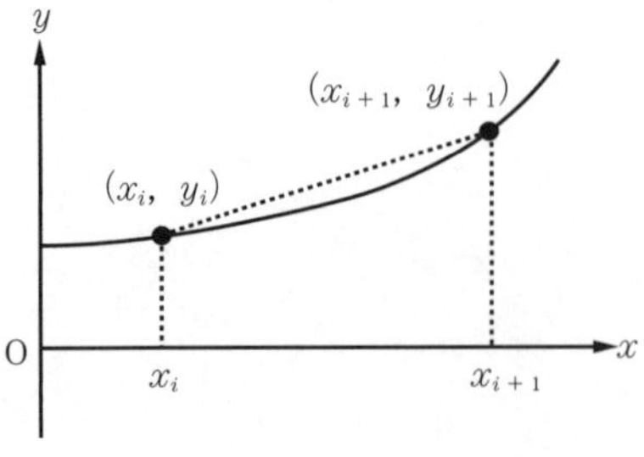

図 ***11.1*** 台形公式を利用した数値積分

データ点の x 座標については x_i の刻み幅 h が等間隔であり $x_0 = a,\ x_n = b$ とするとき，式 (11.1) はつぎのように表すことができる。

$$x_i = a + ih \quad (i = 0, \cdots, n) \tag{11.2}$$

$$h = \frac{b-a}{n} \tag{11.3}$$

これより，点列全体の積分値は，次式で計算することができる。

$$\begin{aligned}\int_a^b y(x)dx &\simeq \sum_{i=0}^{n-1} \frac{y_i + y_{i+1}}{2} h \\ &= h\left(\frac{y_0}{2} + y_1 + \cdots + y_{n-1} + \frac{y_n}{2}\right)\end{aligned} \tag{11.4}$$

つぎに台形公式を用いた数値積分の例を示す。

例題 11.1　つぎのデータ点列が与えられたとき，台形公式によって数値積分した値を求めよ。

$$(x_i, y_i) = \left(\frac{i}{2}, \frac{i^2}{4}\right) \quad (i = 0, \cdots, 6)$$

【解答】　台形公式を用いて，つぎのように計算する。

$$\int_0^3 y(x)dx = \frac{1}{2}\left(\frac{0}{2\cdot 4} + \frac{1}{4} + \frac{4}{4} + \frac{9}{4} + \frac{16}{4} + \frac{25}{4} + \frac{36}{2\cdot 4}\right) = 9.125$$

この問題の解析解はつぎのようになる。

$$\int_0^3 x^2 dx = \left[\frac{1}{3}x^3\right]_0^3 = 9$$

このように，数値積分は近似解を得るための方法なので，実際の解析解との間に誤差が生じる。計算誤差を少なくするする方法として，データ点列の刻み幅を狭くすることが考えられるが，必要以上に幅を狭くしてしまうと繰返し演算による計算誤差が増えることになる。あとで示す方法は，台形公式よりも誤差を少なくするようにアルゴリズムを改良した方法ではあるが，いずれにしても得られるのは近似解であるということを心得ておこう。　◇

11.2　シンプソンの公式

シンプソン（Simpson）の公式は，データ点間を 2 次式で近似することによって計算精度を高くした方法である。2 次式で近似しているためシンプソンの公式では少なくとも 3 点のデータが必要となる。また，一般的には $2n+1$ 点のデータが必要となる。図 *11.2* に示す三つのデータ点 (x_{2i-1}, y_{2i-1})，(x_{2i}, y_{2i})，(x_{2i+1}, y_{2i+1}) に対して，つぎの 2 次式を対応させる。

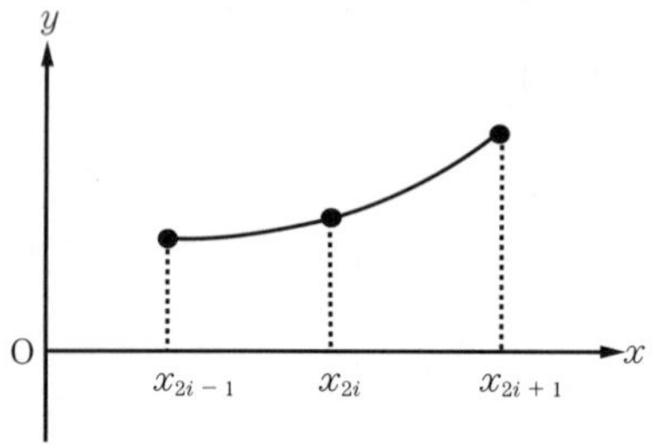

図 *11.2*　シンプソンの公式を用いた数値積分

$$y = px^2 + qx + r \tag{11.5}$$

計算を簡単にするために $x_{2i-1} = -h$，$x_{2i} = 0$，$x_{2i+1} = h$ とすると，各データ点からつぎの関係が得られる。

$$(x_{2i-1}, y_{2i-1}) \text{ に対して} \quad y_{2i-1} = ph^2 - qh + r \tag{11.6}$$

$$(x_{2i}, y_{2i}) \text{ に対して} \quad y_{2i} = r \tag{11.7}$$

$$(x_{2i+1}, y_{2i+1}) \text{ に対して} \quad y_{2i+1} = ph^2 + qh + r \tag{11.8}$$

上式を p，q，r について解くとつぎのようになる。

$$p = \frac{1}{2h^2}(y_{2i-1} + y_{2i+1} - 2y_{2i}) \tag{11.9}$$

$$q = \frac{1}{2h}(y_{2i+1} - y_{2i-1}) \tag{11.10}$$

$$r = y_{2i} \tag{11.11}$$

また，2次式の積分はつぎのようになる。

$$\int_{x_{2i-1}}^{x_{2i+1}} (px^2 + qx + r)dx = \frac{2}{3}ph^3 + 2rh \tag{11.12}$$

これより3点データの数値積分を行うシンプソンの公式を得る。

$$\int_{x_{2i-1}}^{x_{2i+1}} y(x)dx = \frac{h}{3}(y_{2i-1} + 4y_{2i} + y_{2i+1}) \tag{11.13}$$

データ点 x_0～x_{2n} の区間におけるシンプソンの公式はつぎのようになる。

$$\int_{x_0}^{x_{2n}} y(x)dx \simeq \frac{h}{3}\left(y_0 + 4\sum_{i=1}^{n} y_{2i-1} + 2\sum_{i=1}^{n-1} y_{2i} + y_{2n}\right) \tag{11.14}$$

例題 11.2 シンプソンの公式を2次のラグランジュ多項式を用いて誘導せよ。$n-1$ 次のラグランジュ多項式は次式で表される。

$$y = \sum_{i=0}^{n} \frac{(x-x_0)\cdots(x-x_{i-1})(x-x_{i+1})\cdots(x-x_n)}{(x_i-x_0)\cdots(x_i-x_{i-1})(x_i-x_{i+1})\cdots(x_i-x_n)} y_i$$

【解答】 2次のラグランジュ多項式はつぎのように表すことができる。

$$y = \frac{(x-x_{2i})(x-x_{2i+1})}{(x_{2i-1}-x_{2i})(x_{2i-1}-x_{2i+1})} y_{2i-1} + \frac{(x-x_{2i-1})(x-x_{2i+1})}{(x_{2i}-x_{2i-1})(x_{2i}-x_{2i+1})} y_{2i}$$

$$+ \frac{(x-x_{2i-1})(x-x_{2i})}{(x_{2i+1}-x_{2i-1})(x_{2i+1}-x_{2i})} y_{2i+1}$$

この2次式について，x_i から x_{i+2} までの範囲で積分するとつぎのようになる。ここでは，$(x_{2i}-x_{2i-1}) = h$ とする。

$$\int_{x_{2i-1}}^{x_{2i+1}} \frac{(x-x_{2i})(x-x_{2i+1})}{(x_{2i-1}-x_{2i})(x_{2i-1}-x_{2i+1})} dx = \frac{h}{3}$$

$$\int_{x_{2i-1}}^{x_{2i+1}} \frac{(x-x_{2i-1})(x-x_{2i+1})}{(x_{2i}-x_{2i-1})(x_{2i}-x_{2i+1})} dx = \frac{4h}{3}$$

$$\int_{x_{2i-1}}^{x_{2i+1}} \frac{(x-x_{2i-1})(x-x_{2i})}{(x_{2i+1}-x_{2i-1})(x_{2i+1}-x_{2i})} dx = \frac{h}{3}$$

これより3点間のシンプソンの公式はつぎのようになる。

$$\int_{x_{2i-1}}^{x_{2i+1}} y(x)dx \simeq \frac{h}{3}(y_{2i-1} + 4y_{2i} + y_{2i+1})$$

データ点 $x_0 \sim x_{2n}$ の区間におけるシンプソンの公式はつぎのようになる。

$$\int_{x_0}^{x_{2n}} y(x)dx \simeq \frac{h}{3}\left(y_0 + 4\sum_{i=1}^{n} y_{2i-1} + 2\sum_{i=1}^{n-1} y_{2i} + y_{2n}\right)$$

この結果は式 (*11.14*) と同じ式になっている。 ◇

例題 *11.3* 3 次のラグランジュ多項式を用いて，シンプソンの公式を拡張した 3 次の積分公式を求めよ。ただし，データ点列 (x, y) は x 座標の刻み幅が等間隔とする。

【解答】 数値積分の一般形はつぎのように表すことができる。

$$\int_{x_i}^{x_{i+m}} y(x)dx = C_0 y_i + C_1 y_{i+1} + \cdots + C_m y_{i+m}$$

ここで，係数 C_k は次式で表される。

$$C_k = \int_{x_i}^{x_{i+m}} N_k(x)dx = \int_{x_i}^{x_{i+m}} \prod_{\substack{j=0 \\ j\neq k}}^{m} \frac{x - x_{i+j}}{x_{i+k} - x_{i+j}} dx$$

データ点列の x 座標の刻み幅 h が等間隔であるということから上式はつぎのようになる。

$$C_k = \int_0^m \prod_{\substack{j=0 \\ j\neq k}}^{m} \frac{t - j}{k - j} h dt$$

これより，積分公式はつぎのように表すことができる。

$$\int_{x_i}^{x_{i+3}} y(x)dx \simeq \frac{3}{8}(y_i + 3y_{i+1} + 3y_{i+2} + y_{i+3})h$$

このようにラグランジュ多項式によって，シンプソンの公式を高次の積分公式に拡張したものは**ニュートン・コーツ**（Newton-Cotes）**の積分公式**と呼ばれる。同様の方法で，4 次の多項式を求めるとつぎのようになる。

$$\int_{x_i}^{x_{i+4}} y(x)dx \simeq \frac{2}{45}(7y_i + 32y_{i+1} + 12y_{i+2} + 32y_{i+3} + 7y_{i+4})h$$

さらに高次の公式もあるが，同様の手法で求めることができる。 ◇

11.3 ガウスの数値積分法

これまでに説明した数値積分は，データ点列が与えられたときにそのデータ点をもとにして積分を行う方法であった。これに対して，積分の範囲と関数がわかっている場合の積分公式がある。その一つにルジャンドル多項式を利用したものがあるので，ここではまずルジャンドル多項式について説明する。

11.3.1 ルジャンドル多項式

ルジャンドル（Legendre）**多項式**はつぎの漸化式によって定義される。

$$P_0(x) = 1 \tag{11.15}$$

$$P_1(x) = x \tag{11.16}$$

$$P_n(x) = \frac{2n-1}{n} x P_{n-1}(x) - \frac{n-1}{n} P_{n-2}(x) \quad (2 \leqq n) \tag{11.17}$$

この漸化式を用いて，$P_5(x)$ まで多項式を求めた結果を**表 11.1** に示す。数式がわかっている場合の数値積分方法としては，11.3.2 項のガウス・ルジャンドルの公式を知っていれば十分であろう。

表 11.1 ルジャンドル多項式

$P_0(x) = 1$
$P_1(x) = x$
$P_2(x) = (3x^2 - 1)/2$
$P_3(x) = (5x^3 - 3x)/2$
$P_4(x) = (35x^4 - 30x^2 + 3)/8$
$P_5(x) = (63x^5 - 70x^3 + 15x)/8$

ルジャンドル多項式の性質を知らなくとも数値積分を行うことはできるが，つぎの特徴があることは知っておいたほうがよい。

性質 1 次数の異なる二つのルジャンドル関数は相関がない。つまり，$i \neq j$ とするとつぎの式が成り立つ。

$$\int_{-1}^{1} P_i(x)P_j(x)dx = 0 \tag{11.18}$$

性質 2　n 次のルジャンドル多項式 $P_n(x)$ は，$n-1$ 次の一般的な多項式 $Q(x)$ と相関がない。

$$\int_{-1}^{1} P_n(x)Q(x)dx = 0 \tag{11.19}$$

性質 3　ルジャンドル方程式の根は，すべて実数で，-1 と 1 の間にある。

例題 *11.4*　ルジャンドル多項式の漸化式を用いて $P_2(x)$ および $P_3(x)$ を求めよ。

【解答】　$n=2$ とおくことによって $P_2(x)$ はつぎのように計算できる。

$$P_2(x) = \frac{3}{2}xP_1(x) - \frac{1}{2}P_0(x) = \frac{3}{2}x^2 - \frac{1}{2} = \frac{1}{2}(3x^2-1)$$

$P_2(x)$ および $n=3$ によって $P_3(x)$ はつぎのように計算できる。

$$\begin{aligned} P_3(x) &= \frac{5}{3}xP_2(x) - \frac{2}{3}P_1(x) \\ &= \frac{5}{3}x \times \frac{1}{2}(3x^2-1) - \frac{2}{3}x = \frac{1}{2}(5x^3-3x) \end{aligned}$$

同様の手順を繰り返すことによって，ルジャンドル多項式 $P_n(x)$ を順次求めていくことができる。

◇

11.3.2　ガウス・ルジャンドルの公式

数式がわかっている場合の数値積分法では，分割点を等間隔に取る必要はなく，最適な結果が求まるように決定すればよい。この分割点のことを**積分点**(integral point)（**ガウス点**）と呼ぶこともある。ガウスの数値積分法の基本式はつぎのように表される。

$$\int_a^b f(x)dx \simeq \sum_{i=0}^{n} C_i f(x_i) \tag{11.20}$$

ガウスの数値積分法の中でよく知られているものとして，n 次のルジャンドル多項式を用いた積分公式があり，**ガウス・ルジャンドル**（Gauss-Legendre）**の公式**と呼ばれている。ガウス・ルジャンドルの公式では積分区間が $t \in [-1, 1]$ で定義されているが，つぎの変換によって $x \in [a, b]$ の積分区間に拡張することができる。

$$x = \frac{a+b}{2} + \frac{b-a}{2}t \tag{11.21}$$

積分はつぎのようになる。

$$\int_a^b f(x)dx = \frac{b-a}{2}\int_{-1}^{1} f\left(\frac{a+b}{2} + \frac{b-a}{a}t\right)dt \tag{11.22}$$

x_i を積分点として，つぎのように数値計算を行うことができる。積分点は，次式および**表 *11.2*** の t_i を用いて計算する。

$$x_i = \frac{a+b}{2} + \frac{b-a}{2}t_i \tag{11.23}$$

表 *11.2* ガウス・ルジャンドルの公式

n	i	t_i	C_i
2	1	$-\sqrt{1/3}$	1
	2	$\sqrt{1/3}$	1
3	1	$-\sqrt{3/5}$	5/9
	2	0	8/9
	3	$\sqrt{3/5}$	5/9
4	1	−0.861 136 311 6	0.347 854 845 1
	2	−0.339 981 043 6	0.652 145 154 9
	3	0.339 981 043 6	0.652 145 154 9
	4	0.861 136 311 6	0.347 854 845 1

表 *11.2* の C_i を用いて数値積分はつぎのように計算できる。

$$\int_a^b f(x)dx \simeq \frac{b-a}{2}\sum_{i=0}^{n} C_i f(x_i) \tag{11.24}$$

ガウス・ルジャンドルの公式の特長として，n 点だけの関数値を用いて $2n-1$ 次までの多項式の厳密な積分ができるといわれている。

例題 11.5 ガウス・ルジャンドルの公式を用いて，つぎの積分を計算せよ。また，数式的に求めた結果と比較せよ。ただし，$n=3$ とする。

$$S=\int_0^1 \frac{1}{1+x}dx$$

【解答】 表 **11.2** より，x の積分点はつぎのようになる。

$$x_1=\frac{1}{2}-\frac{1}{2}\times\sqrt{\frac{3}{5}}$$

$$x_2=\frac{1}{2}$$

$$x_3=\frac{1}{2}+\frac{1}{2}\times\sqrt{\frac{3}{5}}$$

この積分点をもとに，$f_i(x)\ \ (i=1,2,3)$ を計算するとつぎのようになる。

$$f(x_1)=0.898\,713$$

$$f(x_2)=0.666\,667$$

$$f(x_3)=0.529\,858$$

これより数値積分はつぎのようになる。

$$\int_0^1 \frac{1}{1+x}dx \simeq \frac{1}{2}\left(\frac{5}{9}\cdot 0.898\,713+\frac{8}{9}\cdot 0.666\,667+\frac{5}{9}\cdot 0.529\,858\right)$$
$$= 0.693\,122$$

この問題の解析解（数式解）はつぎのようになる。

$$\int_0^1 \frac{1}{1+x}dx=[\ln(1+x)]_0^1=\ln 2=0.693\,147$$

数値積分と解析解の結果は，小数第 4 位の値まで一致している。 ◇

11.3.3 多重積分の数値解法

ガウス・ルジャンドルの公式は，積分領域が長方形あるいは直方体であるような二重積分や三重積分に拡張することができる。二重積分や三重積分を計算する場合にも，各変数に対して積分区間が $[-1,1]$ になるように変数変換を行う必要がある。

$$\int_{-1}^{1}\int_{-1}^{1} f(u,v)dudv \simeq \sum_{i=1}^{n}\sum_{j=1}^{n} C_i C_j f(t_i,t_j) \tag{11.25}$$

$$\int_{-1}^{1}\int_{-1}^{1}\int_{-1}^{1} f(u,v,w)dudvdw \simeq \sum_{i=1}^{n}\sum_{j=1}^{n}\sum_{k=1}^{n} C_i C_j C_k f(t_i,t_j,t_k) \tag{11.26}$$

上式で n は各変数についての積分点の数である。また，t_i，t_j，t_k は積分点の座標，C_i は重み係数を表す。

いま，つぎの二重積分を考える。

$$V = \int_a^b \left[\int_c^d f(x,y)dy\right] dx \tag{11.27}$$

この二重積分を計算するために，まずつぎの変数変換を行う。

$$x = \frac{b-a}{2}(u+1)+a \tag{11.28}$$

$$y = \frac{d-c}{2}(v+1)+c \tag{11.29}$$

また上式からつぎの関係が得られる。

$$dx = \frac{b-a}{2}du \tag{11.30}$$

$$dy = \frac{d-c}{2}dv \tag{11.31}$$

これより，もとの二重積分の式はつぎのように変換できる。

$$V = \int_{-1}^{1}\int_{-1}^{1} g(u,v)\frac{(b-a)(d-c)}{4}dudv \simeq \frac{(b-a)(d-c)}{4}\sum_{i=1}^{n}\sum_{j=1}^{n} C_i C_j g(u_i,v_j) \tag{11.32}$$

$$g(u,v) = f\left(\frac{b-a}{2}(u+1)+a,\ \frac{d-c}{2}(v+1)+c\right) \tag{11.33}$$

積分点数を決定することによって**表 11.2** の積分点座標 t_i と重み係数 C_i が決まる。積分点座標 t_i を式 (11.32) の変数 u_i，v_j の値として代入することによって，二重積分を行うことができる。ここでは二重積分について説明したが，三重積分についても同様の手法で計算することができる。

章 末 問 題

(1) つぎの積分について台形公式を用いて数値計算するプログラムを作成せよ。ただし，初期値と最終値の間を 20 分割して計算すること。

$$S = \int_1^2 \frac{1}{x} dx$$

(2) 章末問題 (1) の積分をシンプソンの公式を用いて数値計算するプログラムを作成せよ。ただし，初期値と最終値の間を 20 分割して計算すること。

12
偏微分方程式

8 章で説明した常微分方程式の数値解法は，一つの独立変数（時間変数）による微分を基本とした方程式を数値解析するための手法であった。現実の問題では複数の独立変数による微分で記述される場合が多く，そのような場合の定式化は偏微分方程式となる。ここでは，偏微分方程式の最も基本的な解法である差分法について説明する。

12.1 偏微分から差分へ

平面を特徴づける関数は一般に 2 変数の関数 $u = f(x, y)$ で表すことができる。特殊な関数の場合には解析的に解くこともできるが，一般的な関数では解析解を求めることは困難である。そのような場合に数値解析を行う。数値解析をする場合には，変数が連続的ではなく図 ***12.1*** に示すように離散的な有限要素として計算を行う。

偏微分方程式を離散化する場合に，前進差分，中心差分，後退差分という 3 種類の表現方法がある。それぞれの方法に優劣があるわけではなく，対象としている偏微分方程式の物理的な意味をよく考えて，どの差分表現を利用するかを決めなければならない。

12.1.1 前 進 差 分

図 ***12.2*** に示すように 2 次元平面の格子点 (x_i, y_i) における値を $u_{i,j} = f(x_i, y_j)$ とすると，注目点における偏微分の値はつぎのように計算することが

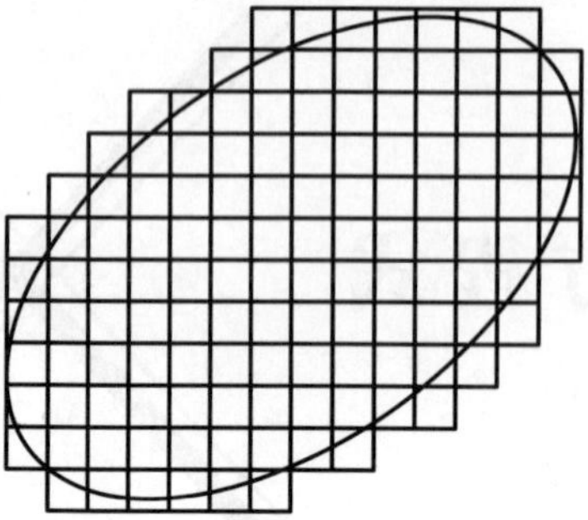

図 12.1　偏微分方程式を対応付ける領域

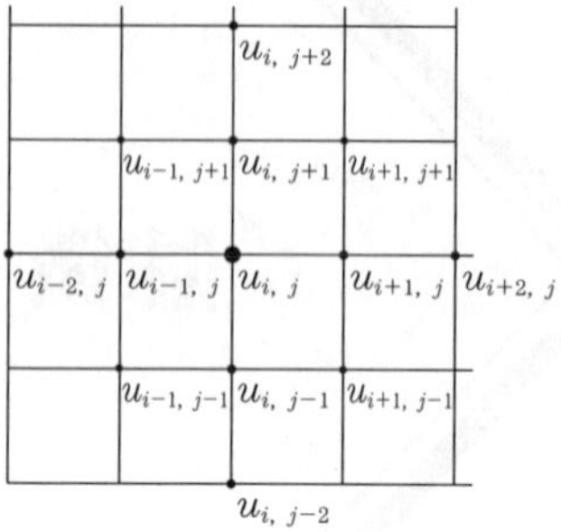

図 12.2　差分式と対応する微小格子点

できる。ここでは，$x_{i+1} - x_i = y_{i+1} - y_i = h$ の微小格子を考える。このとき次式で示されるような差分の表現方法を**前進差分**（forward difference）という。

$$\frac{\partial u}{\partial x} \simeq \frac{u_{i+1,j} - u_{i,j}}{h} \tag{12.1}$$

$$\frac{\partial u}{\partial y} \simeq \frac{u_{i,j+1} - u_{i,j}}{h} \tag{12.2}$$

$$\frac{\partial^2 u}{\partial x^2} \simeq \frac{u_{i+2,j} - 2u_{i+1,j} + u_{i,j}}{h^2} \tag{12.3}$$

$$\frac{\partial^2 u}{\partial x \partial y} \simeq \frac{u_{i+1,j+1} - u_{i+1,j} - u_{i,j+1} + u_{i,j}}{h^2} \tag{12.4}$$

$$\frac{\partial^2 u}{\partial y^2} \simeq \frac{u_{i,j+2} - 2u_{i,j+1} + u_{i,j}}{h^2} \tag{12.5}$$

12.1.2　中心差分

前進差分と同様に変数の添え字を定義するとき，次式で示されるような差分の表現方法を**中心差分**（centered difference）という。

$$\frac{\partial u}{\partial x} \simeq \frac{u_{i+1,j} - u_{i-1,j}}{2h} \tag{12.6}$$

$$\frac{\partial u}{\partial y} \simeq \frac{u_{i,j+1} - u_{i,j-1}}{2h} \tag{12.7}$$

$$\frac{\partial^2 u}{\partial x^2} \simeq \frac{u_{i+1,j} - 2u_{i,j} + u_{i-1,j}}{h^2} \tag{12.8}$$

$$\frac{\partial^2 u}{\partial x \partial y} \simeq \frac{u_{i+1,j+1} - u_{i+1,j-1} - u_{i-1,j+1} + u_{i-1,j-1}}{4h^2} \tag{12.9}$$

$$\frac{\partial^2 u}{\partial y^2} \simeq \frac{u_{i,j+1} - 2u_{i,j} + u_{i,j-1}}{h^2} \tag{12.10}$$

例題 12.1 偏微分商を差分式に置き換える方法として，変数 $u_{i,j}$，$u_{i-1,j}$，$u_{i,j-1}$，$u_{i-1,j-1}$，$u_{i-2,j}$，$u_{i,j-2}$ によって表現する方法がある。このように注目点 $u_{i,j}$ からの後退部分を用いた差分表現のことを**後退差分** (backward difference) と呼んでいる。つぎの偏微分商を後退差分を用いて表せ。

$$\frac{\partial u}{\partial x},\ \frac{\partial u}{\partial y},\ \frac{\partial^2 u}{\partial x^2},\ \frac{\partial^2 u}{\partial x \partial y},\ \frac{\partial^2 u}{\partial y^2}$$

【解答】 偏微分商を後退差分に置き換えた差分表現はつぎのようになる。

$$\frac{\partial u}{\partial x} \simeq \frac{u_{i,j} - u_{i-1,j}}{h}$$

$$\frac{\partial u}{\partial y} \simeq \frac{u_{i,j} - u_{i,j-1}}{h}$$

$$\frac{\partial^2 u}{\partial x^2} \simeq \frac{u_{i,j} - 2u_{i-1,j} + u_{i-2,j}}{h^2}$$

$$\frac{\partial^2 u}{\partial x \partial y} \simeq \frac{u_{i,j} - u_{i,j-1} - u_{i-1,j} + u_{i-1,j-1}}{h^2}$$

$$\frac{\partial^2 u}{\partial y^2} \simeq \frac{u_{i,j} - 2u_{i,j-1} + u_{i,j-2}}{h^2}$$

◇

12.2 差分式構成の注意点

まず偏微分方程式を差分表現にするときに，左辺と右辺にある偏微分商それぞれに対して前進差分，中心差分，後退差分のいずれを使うかを決めなければならない。差分表現を決定する際に偏微分の次数が同じならば同じ差分表現を利用するのがよい。ここでつぎの偏微分方程式を例として説明する。

$$\frac{\partial u}{\partial t} = \frac{\partial u}{\partial x} \tag{12.11}$$

この偏微分方程式は，両辺ともに1階の偏微分商なので同じ表現を利用する。両辺の偏微分商に対して前進差分を用いるとつぎのようになる。ここでは，変数 t を添え字 i で表し，変数 x を添え字 j で表すことにする。また，それぞれの刻み幅を h_t，h_x とする。

$$\frac{u_{i+1,j} - u_{i,j}}{h_t} = \frac{u_{i,j+1} - u_{i,j}}{h_x} \tag{12.12}$$

また，同じ偏微分方程式に対して，中心差分を用いるとつぎの差分式で表現することができる。

$$\frac{u_{i+1,j} - u_{i-1,j}}{2h_t} = \frac{u_{i,j+1} - u_{i,j-1}}{2h_x} \tag{12.13}$$

また，ここでは示さないが両辺を後退差分式で置き換える方法もある。いずれの方法を選べばよいかは，偏微分方程式の形だけでなく与えられた条件などが関係するので，問題ごとに考えていかなければならない。

12.3　いろいろな偏微分方程式

偏微分方程式にはいくつかのタイプがあり，それぞれで差分式の作り方に注意点がある。ここでは偏微分方程式の代表的なものとして，拡散型方程式，波動方程式，楕円型方程式について説明する。

12.3.1　拡散型方程式

拡散型方程式（diffusion equation）は**放物型方程式**（parabolic equation）とも呼ばれ，多くの分野で用いられる方程式である。拡散型方程式としてよく知られているものとして**熱伝導方程式**（equation of heat conduction）がある。熱伝導方程式は，熱の移動を扱うだけでなく，化学反応における濃度変化を表す方程式としても知られている。熱量が保存される場合の熱伝導方程式はつぎのように表される。ここで，α は定数である。

$$\frac{\partial u}{\partial t} = \alpha^2 \frac{\partial^2 u}{\partial x^2} \tag{12.14}$$

熱損失および熱源 $F(x,t)$ がある場合の熱伝導方程式は，つぎのように表される。

$$\frac{\partial u}{\partial t} = \alpha^2 \frac{\partial^2 u}{\partial x^2} - \beta(u - u_0) + F(x,t) \tag{12.15}$$

定数 β は熱損失の量を表す。化学反応において右辺第2項は，物質の生成や崩壊を表すことになる。

2次元および3次元の拡散方程式にはいろいろなものがあるが，ここでは熱量が保存される場合の3次元方程式の1例を示しておく。

$$\frac{\partial u}{\partial t} = \alpha_x^2 \frac{\partial^2 u}{\partial x^2} + \alpha_y^2 \frac{\partial^2 u}{\partial y^2} + \alpha_z^2 \frac{\partial^2 u}{\partial z^2} \tag{12.16}$$

例題 12.2 熱損失のない1次元の拡散方程式 (12.14) を，前進差分を用いた差分式に変換せよ。

【解答】 変数 t，x をそれぞれ添え字 i，j，各座標の差分間隔を h_t，h_x として前進差分を利用するとつぎの差分式が得られる。

$$\frac{u_{i+1,j} - u_{i,j}}{h_t} = \alpha^2 \frac{u_{i,j+2} - 2u_{i,j+1} + u_{i,j}}{h_x^2}$$

上式を計算機で用いる形式にするには，つぎのように式をまとめればよい。

$$u_{i+1,j} = u_{i,j} + \frac{\alpha^2 h_t}{h_x^2}\left(u_{i,j+2} - 2u_{i,j+1} + u_{i,j}\right)$$

ここでは，変数の意味を考えて $u_{i+1,j}$ の値を更新するように式をまとめたが，どの変数を更新値とするかは問題によって異なる。 ◇

12.3.2 波動方程式

1次元波動方程式

つぎに偏微分方程式でよく用いられるものとして，**波動方程式**（wave equation）がある。1次元の波動方程式は**双曲型方程式**（hyperbolic equation）とも呼ばれ，弦の振動問題を解析する場合などに用いられる。この方程式は，つぎのように表現することができる。拡散型方程式の場合と異なり，左辺が時間 t の2階偏微分となっている。

$$\frac{\partial^2 u}{\partial t^2} = \alpha^2 \frac{\partial^2 u}{\partial x^2} \tag{12.17}$$

1次元の波動方程式として梁（はり）の振動を扱ったものもある。この場合はつぎのように右辺が4階の偏微分となる。

$$\frac{\partial^2 u}{\partial t^2} = \alpha^2 \frac{\partial^4 u}{\partial x^4} \tag{12.18}$$

1次元の波は一般に**平面波**と呼ばれている。つまり，1次元波動方程式は，1次元の弦の振動から高次元の平面波までを表す方程式であるといえる。

2次元波動方程式

2次元の波は**円柱波**と呼ばれ，つぎのような式で表すことができる。

$$\frac{\partial^2 u}{\partial t^2} = \alpha_x^2 \frac{\partial^2 u}{\partial x^2} + \alpha_y^2 \frac{\partial^2 u}{\partial y^2} \tag{12.19}$$

3次元波動方程式

3次元の波は**球面波**と呼ばれ，つぎのような式で表すことができる。

$$\frac{\partial^2 u}{\partial t^2} = \alpha_x^2 \frac{\partial^2 u}{\partial x^2} + \alpha_y^2 \frac{\partial^2 u}{\partial y^2} + \alpha_z^2 \frac{\partial^2 u}{\partial z^2} \tag{12.20}$$

極座標の波動方程式

太鼓などの膜の振動を表す偏微分方程式を記述する場合，いままで述べてきた (x, y) 座標ではなく，極座標を用いた方が都合がよい場合がある。極座標を用いた2次元波動方程式はつぎのようになる。

$$\frac{\partial^2 u}{\partial t^2} = c^2 \left(\frac{\partial^2 u}{\partial r^2} + \frac{1}{r}\frac{\partial u}{\partial r} + \frac{1}{r^2}\frac{\partial^2 u}{\partial \theta^2} \right) \tag{12.21}$$

上式で r は膜の中心からの距離，θ は水平基準線からの角度を表す。極座標表現にした場合には，定常波解を $u(r, \theta, t) = R(r)\Theta(\theta)T(t)$ のように，半径の関数，角度の関数，時間変化の関数の積として独立に表すことができる。

例題 *12.3*　1次元波動方程式 (12.17) を中心差分を用いて計算機で利用できる差分形式に変換せよ。

【解答】　変数 t，x をそれぞれ添え字 i，j，各座標の差分間隔を h_t，h_x として中心差分を利用するとつぎの差分式が得られる。

$$\frac{u_{i+1,j}-2u_{i,j}+u_{i-1,j}}{h_t^2}=\alpha^2\frac{u_{i,j+1}-2u_{i,j}+u_{i,j-1}}{h_x^2}$$

上式を計算機で用いる形式に変換するとつぎのようになる。

$$u_{i+1,j}=2u_{i,j}-u_{i-1,j}+\frac{\alpha^2h_t^2}{h_x^2}\left(u_{i,j+1}-2u_{i,j}+u_{i,j-1}\right)$$

時間による偏微分商がある場合には，このように時間の偏差分商の項のなかの変数を更新する場合が多い。 ◇

コーヒーブレイク

極座標による数値解析の注意点

対象としている領域が円形の場合については極座標によるモデル化が有効のように思われがちである。原点の近傍では格子点が密集しているが，原点から遠ざかると格子点間の距離が急に大きくなる。少ない格子点にその間の積分値がすべて集約してしまうので，計算結果が矛盾してくる場合がある。このことについてはよく理解しておこう。

12.3.3 楕円型方程式

楕円型方程式（elliptic equation）というのはいままで説明してきた方程式と違って，現象が時間的に変化せず，位置だけによって状態が決まる現象を表したものである。この代表的なものとして**ラプラス方程式**がある。2次元のラプラス方程式は，つぎのように表すことができる。

$$\frac{\partial^2u}{\partial x^2}+\frac{\partial^2u}{\partial y^2}=0 \tag{12.22}$$

また，3次元のラプラス方程式はつぎのようになる。

$$\frac{\partial^2u}{\partial x^2}+\frac{\partial^2u}{\partial y^2}+\frac{\partial^2u}{\partial z^2}=0 \tag{12.23}$$

ラプラス方程式は，関数 u と演算子 ∇^2 によってつぎのように記述する場合がある。

$$\nabla^2u=0 \tag{12.24}$$

$$\nabla^2=\frac{\partial^2}{\partial x^2}+\frac{\partial^2}{\partial y^2}+\frac{\partial^2}{\partial z^2} \tag{12.25}$$

この演算子のことを**ラプラスの演算子**（ラプラシアン，Laplacian）といい，物理学の中で最もよく使われる演算子の一つである。

ラプラス方程式に熱源や電流源などの外部入力 $f(x,y)$ 項を加えたものを**ポアソン方程式**という。

$$\frac{\partial^2 u}{\partial x^2} + \frac{\partial^2 u}{\partial y^2} = f(x,y) \tag{12.26}$$

例題 12.4　2 次元ラプラス方程式 (*12.22*) を中心差分を用いて計算機で利用できる差分形式に変換せよ。ただし，各座標の差分間隔は等しいものとする。

【解答】　変数 x，y をそれぞれ添え字 i，j，各座標の差分間隔を $h_x = h_y = h$ として中心差分を利用するとつぎの差分式が得られる。

$$\frac{u_{i+1,j} - 2u_{i,j} + u_{i-1,j}}{h^2} + \frac{u_{i,j+1} - 2u_{i,j} + u_{i,j-1}}{h^2} = 0$$

これより次式が得られる。

$$u_{i+1,j} + u_{i-1,j} + u_{i,j+1} + u_{i,j-1} - 4u_{i,j} = 0$$

上式を計算機で用いられる形式に変換するとつぎのようになる。

$$u_{i,j} = \frac{1}{4}\left(u_{i+1,j} + u_{i-1,j} + u_{i,j+1} + u_{i,j-1}\right)$$

この差分式では，注目している場所 $u_{i,j}$ の周囲の値を利用して，注目点の値を更新している。　◇

ここでは取り扱わないが，一般的な物理現象を扱う場合には非線形偏微分方程式や連立偏微分方程式として特徴づけられることがある。

12.4　数値解析のための条件設定

ここでは，2 階の偏微分方程式について初期値の与え方に関する注意事項を説明する。初期条件としては，位置に関する初期値と時間変化に関する初期値および計算のための刻み幅などが考えられる。

12.4.1 位置に関する条件設定

問題を特徴づける偏微分方程式を考えたときに**境界条件**（boundary conditions）が与えられる。この境界条件が，位置に関する初期値となる。しかし，これらの境界条件だけでは不十分な場合が多い。例えば，ラプラスの方程式を差分化した場合を考えよう。

$$u_{n,j} = \frac{1}{4}\left(u_{n+1,j} + u_{n-1,j} + u_{n,j+1} + u_{n,j-1}\right) \tag{12.27}$$

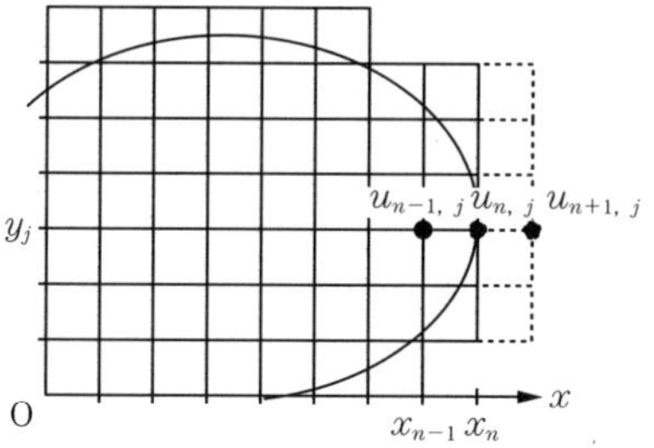

図 **12.3** 位置に関する境界条件

この式で境界点の値を更新する際にはその周辺の値が必要となり，図 **12.3** に示すように領域外の値を必要としてしまう。領域外では方程式が定義されていないので，この点での値を計算するのに工夫が必要となる。このような場合には，つぎのように境界上での法線方向係数を指定する方法がよく用いられる。ここでは，注目点が x 方向の端点となっている場合について説明する。

$$\frac{u_{n+1,j} - u_{n-1,j}}{2h} = \alpha \tag{12.28}$$

これを上述の差分方程式に代入するとつぎのようになる。

$$u_{n,j} = \frac{1}{4}\left(2\alpha h + 2u_{n-1,j} + u_{n,j+1} + u_{n,j-1}\right) \tag{12.29}$$

端点については，他の点と異なりこのように計算を行う。

12.4.2 時間変化に関する初期値

時間変化（速度）に関する初期値については，1 次元の波動方程式を例に挙げて説明する。

$$\frac{\partial^2 u}{\partial t^2} = \alpha^2 \frac{\partial^2 u}{\partial x^2} \tag{12.30}$$

上の波動方程式を中心差分を用いて差分化して $i=0$ とした式はつぎのようになる。この式では速度の初期値として $u_{0,j}$ 以外に $u_{-1,j}$ の値が必要となる。

$$u_{1,j} = 2u_{0,j} - u_{-1,j} + \frac{\alpha^2 h_t^2}{h_x^2}(u_{0,j+1} - 2u_{0,j} + u_{0,j-1}) \tag{12.31}$$

速度の初期条件としてつぎの関係を用いる。

$$\frac{\partial u(0,x)}{\partial t} = \beta \tag{12.32}$$

中心差分式により次式を得る。

$$\frac{u_{1,j} - u_{-1,j}}{2h_t} = \beta \tag{12.33}$$

$$u_{1,j} = u_{-1,j} + 2h_t\beta \tag{12.34}$$

これを差分式に代入するとつぎのようになる。

$$u_{-1,j} = -h_t\beta + u_{0,j} + \frac{\alpha^2 h_t^2}{2h_x^2}(u_{0,j+1} - 2u_{0,j} + u_{0,j-1}) \tag{12.35}$$

このようにして，位置の初期情報 $u_{0,j+1}$，$u_{0,j}$，$u_{0,j-1}$ から速度の初期条件を求めることができる。この初期条件を用いて，方程式の数値計算を行う。

12.4.3　刻み幅の設定

偏微分方程式の場合，数値解析を行うときの**安定性**（stability）を考える必要がある。すべての変数の刻み幅が小さい方が精度のよい数値解が得られるように思われるが，必ずしもそういうわけではない。1 次元の拡散方程式の場合に h_t，h_x の間につぎの関係がある場合に安定な計算結果が得られる。

$$\frac{\alpha^2 h_t}{h_x^2} \leq \frac{1}{2} \tag{12.36}$$

この関係式は，位置を表す変数の刻み幅に対して，時間の刻み幅を十分に小さくしなければよい結果が得られないことを示している。2 次元および 3 次元の方程式でも同様の関係がある。また，偏微分方程式を差分化した更新式では時間情報が失われてしまう場合があるので，時刻に関する情報も別途残しておいたほうがよい。

12.4.4 反復計算について

偏微分方程式を数値計算する場合の反復計算のことについて述べておく。拡散型方程式や波動方程式などは式の中に時間による偏微分商（時間変化に関する項）が含まれているので，変数の時間変化を追う必要があり，計算を繰り返すということは容易に理解できる。ラプラスの方程式では式の中に時間発展の項はないが，反復計算を行わなければならない。ラプラスの方程式は拡散型方程式や波動方程式が十分な時間が経過して定常状態になったときと考えれば容易に理解できるだろう。つまり，定常状態になるまでの反復計算の時間が必要なのである。ラプラスの方程式の数値解を求める場合には，変数の値の変化がなくなった時点で解が求まったことになる。

コーヒーブレイク

大規模数値計算

偏微分方程式は自然現象や構造物をモデル化する際によく用いられる。偏微分方程式の解を求めるには，差分法や本書では扱わなかった**有限要素法**（finite element method），**境界要素法**（boundery element method）などが用いられる。いずれの方法も偏微分方程式を離散近似した連立1次方程式の解を求めることに帰着できる。このとき連立1次方程式の変数は相当な数になり，行列表記したときの係数行列はその2乗のサイズになる。この大規模な行列を効率よく計算できるかどうかが，計算時間に大きな影響を与える。最近では，ベクトル計算機や並列計算機などが高性能になり，計算時間は以前と比べて大幅に短縮できている。またハードウェアだけでなく，ソフトウェアの面からも効率化が行われている。連立1次方程式の解法としては，本書でも取り扱ったガウスの消去法などの直説法とガウス・ザイデル法などの反復法がある。最近の研究で，直説法の改良が進み計算効率がよくなっていることが報告されている。また，本書の*10*章で説明した共役勾配法が注目を集めている。共役勾配法は大規模数値計算において高い性能を示すことが報告され，その改良法がいくつか報告されている。その内容については他書に委ねることにする。

章末問題

(1) つぎの1次元波動方程式について，差分法を用いて振動解を求めるプログラムを作成せよ。

$$\frac{\partial^2 u}{\partial t^2} = \frac{\partial^2 u}{\partial x^2}$$

ただし，初期値をつぎのように考える。また，初速度の条件として $\beta = 0$，刻み幅については $h_t = 0.1$, $h_x = 0.1$ とする。

$$u(0, x) = \begin{cases} 2hx & (0 \leqq x \leqq 0.5) \\ 2h(1 - x) & (0.5 \leqq x \leqq 1) \end{cases}$$

13 モンテカルロ法

これまで述べてきた問題解決のための方法では，与えられた問題を特徴付ける方程式および解法の定式化が必要であった。しかし，必ずしもそのような方程式が利用できない場合がある。また，データを確率的に扱っていかなければならない場合もある。そのような問題によく利用されるのがモンテカルロ法である。ここでは，有名な問題のいくつかを利用して，モンテカルロ法を理解することを目的とする。

13.1 計算機による乱数の発生

モンテカルロ（Monte Carlo）**法**は，**乱数**（random numbers）を用いたシミュレーション方法である。そのため乱数の性質によって結果に差が現れる。従来の乱数計算は，一様乱数，正規乱数，M 系列乱数などを用いるのが標準的であった。現在では，1996 年に松本 眞氏と西村拓士氏によって開発されたメルセンヌツイスタと呼ばれる方法が事実上の世界標準となっている。ここでは，一様乱数，正規乱数，M 系列乱数，メルセンヌツイスタの各手法について概要を説明する。

13.1.1 一 様 乱 数

従来よく用いられている乱数発生法として，1948 年ごろに D.H.Lehmer が提案した**線形合同法**（linear congruence method）がある。この方法は，小規模実験向きで簡単便利な計算法であるため，現在でも C 言語の乱数関数

`rand()` などの計算方法として用いられている。線形合同法はつぎの漸化式を計算することによって乱数を発生させている。

$$x_n = ax_{n-1} + c \pmod{M} \quad (1 \leqq n) \tag{13.1}$$

上式で mod M は値の剰余（M で割った余り）を表す。また，初期値 x_0 としては適当な値を選ぶことができる。係数 a，定数 c および法 M については選択方法がある。

定数および係数の決定条件

係数 a，定数 c および法 M を選ぶ場合には，つぎの条件に当てはまるものを選択する。

(1)　M の値はできるだけ大きなものを選ぶ。

(2)　c は 0 または正の整数で，M と互いに素となっている。

(3)　$b = a - 1$ が M を割り切るすべての素数の倍数である。

(4)　M が 4 の倍数であれば，b も 4 の倍数である。

このような条件を満たす数値を探すのは大変なことであるが，一般的にはつぎのような数値が用いられている。

$$c = 0$$

$c = 0$ とすると計算結果が最大値 M にならないが（最大値が $M - 1$ となるが），乱数発生に要する時間を節約することができるのでよく用いられる。また，$c = 0$ とした場合には，初期値 x_0 を奇数にしなければならない。

$$M = 2^{32}$$

このとき乱数の周期は $M/4 = 2^{30}$ となる。a については，以下に示す七つの数値のうちのいずれかを用いればよい。

$$a = 69\,069,\ 1\,664\,525,\ 39\,894\,229,\ 48\,828\,125,\ 1\,566\,083\,941,$$
$$1\,812\,433\,253,\ 2\,100\,005\,341$$

また，これ以外にも $M = 2^{31} - 1$ として

$$a = 16\,807,\ 314\,159\,269,\ 630\,360\,016,\ 950\,706\,376$$

を用いる方法などがよく用いられる。

上述のアルゴリズムでは，**一様乱数** x_n は区間 $[0, M]$ の値として計算される。しかし，一様乱数を計算する場合には，つぎの式を用いて区間 $[0, 1]$ にしておいたほうが便利である。

$$u_n = \frac{x_n}{M} \tag{13.2}$$

また，モンテカルロ法では，一般的な区間 $[a, b]$ で利用するのが普通である。その場合には，区間 $[0, 1]$ の一様乱数を次式によって区間 $[a, b]$ に変換する。

$$r_n = (b - a)u_n + a \tag{13.3}$$

13.1.2 正規乱数

扱う問題によっては，乱数が正規分布になっていることが望ましい場合がある。そのような場合に，先に記述した一様乱数をもとにして**標準正規分布**（standard normal distribution）（平均 0，標準偏差 1）に従う乱数に変換する方法がある。このような変換を**極座標法**あるいは**ボックス・ミュラー法**（Box–Muller method）と呼んでいる。また，変換された正規分布をもつ乱数のことを**正規乱数**という。

区間 $[0, 1]$ の二つの一様乱数 u_1, u_2 をもとにして正規乱数 x_1, x_2 を求める極座標法は，次式のように表すことができる。

$$x_1 = \sqrt{-2\ln u_1} \cdot \cos(2\pi u_2)$$
$$x_2 = \sqrt{-2\ln u_1} \cdot \sin(2\pi u_2)$$

このようにして得られた乱数 x_1，x_2 は互いに独立で，平均 0，標準偏差 1 となっている。

例題 13.1 区間 $[0, 1]$ の一様分布 u をもとにして正規分布以外の分布に従う乱数を発生させるにはどのようにすればよいか。発生させたい乱数を x，その分布関数を $F(x)$ として説明せよ。

【解答】 乱数発生のための変換方法として最も簡単な方法は，分布関数の逆関数を用いる方法である。**分布関数**（distribution function）$F(x)$ と一様乱数 u を用いることによって乱数はつぎのように発生させることができる。

$$x = F^{-1}(u)$$

このような方法で乱数を計算できる分布関数としては，つぎのような関数が知られている。

指数分布：$F(x) = 1 - e^{-x} \quad (0 \leqq x)$

ロジスティック分布：$F(x) = \dfrac{1}{1 + e^{-x}} \quad (-\infty < x < \infty)$

コーシー分布：$F(x) = \dfrac{1}{2} + \dfrac{1}{\pi}\tan^{-1} x \quad (-\infty < x < \infty)$

逆関数が解析的に求められることが望ましいが，密度関数によっては近似的な逆関数を作らなければならない場合もある。例えば，近似式を利用する方法としてよく知られているものにつぎの**ポアソン分布**がある。

$$F(n) = e^{-\lambda}\frac{\lambda^n}{n!}$$

この関数では確率変数が整数であるため x ではなく n で表している。ポアソン分布に従う乱数を作る場合にはまず，正規乱数 z を作らなければならない。正規乱数 z を用いてつぎのように計算することで，ポアソン分布に従う乱数を作ることができる。

$$x = \max(0, \lfloor \lambda + \sqrt{\lambda}z - 0.5 \rfloor)$$

上式で $\lfloor x \rfloor$ は，x を超えない最大の整数を意味する。また，定数 0.5 は**不連続補正**と呼ばれる量である。 ◇

13.1.3　M 系列乱数

工学的によく用いられる乱数として **M 系列乱数**がある。**M 系列**（**最大周期列**，maximal period sequence）は，通信などの分野で**擬似ランダム系列**として知られている。M 系列乱数は数値 0 と 1 だけからなる系列であり，**排他的論理和**を用いて発生させることができる。系列長が長く簡単な式で発生させることができる M 系列としてつぎの漸化式がある。この場合には 521 個の変数 $x_0, \cdots, x_{520}$ の初期値として 0 あるいは 1 の値を割り当てておく。ただし，すべての値を 0 にしてはならない。

$$x_i = x_{i-32} \oplus x_{i-521} \quad (521 \leqq i) \tag{13.4}$$

式 (*13.4*) で記号 $\oplus$ は排他的論理和を表す。M 系列を発生させる漸化式は，どのような式でもよいというわけではない。式 (*13.4*) が M 系列を発生できるのは，漸化式に対応するつぎの式が mod 2 の**原始多項式**になっているからである。

$$x^{521} + x^{32} + 1$$

原始多項式とは何であるかを説明するには，**有限体**（**ガロア体**）などの説明をしなければならないので，本書では省略して他書に委ねることにする。ここでは，M 系列を発生させるのに適した原始多項式があり，それに対応する漸化式を用いれば M 系列を発生させることができるということを知っておいてほしい。M 系列に対応する原始多項式は数多く報告されており**表 *13.1*** にその一部を紹介する。

表 *13.1*　M 系列発生のための原始多項式の例

段　数	符号長	原始多項式
2	3	$x^2 + x^1 + 1$
3	7	$x^3 + x^1 + 1$
4	15	$x^4 + x^1 + 1$
5	31	$x^5 + x^2 + 1$，$x^5 + x^4 + x^3 + x^2 + 1$ $x^5 + x^4 + x^2 + x^1 + 1$
6	63	$x^6 + x^1 + 1$，$x^6 + x^5 + x^2 + x^1 + 1$ $x^6 + x^5 + x^3 + x^2 + 1$

原始多項式に対応した漸化式から得られるのは 0 と 1 だけの一つの系列だけである。それを乱数にするにはつぎのような処理を行う。

521 個の初期値 $x_0, \cdots, x_{520}$ をもとに漸化式を利用して $x_{16\,671}$ までの値を求める。得られた 0 と 1 の系列を 32 ずつにまとめる。その 32 ビットの小系列を 32 ビットの符号なし整数の 2 進数表現と考えて整数に変換する。そのようにするとつぎのように 521 個の乱数系列が求まる。乱数の最大値は $2^M - 1$ である。

$$y_0 = (x_0 x_1 \cdots x_{31})_2$$

$$y_1 = (x_{32} x_{33} \cdots x_{63})_2$$

$$\vdots$$

$$y_{520} = (x_{16\,640} x_{16\,641} \cdots x_{16\,671})_2$$

乱数が 521 個以上必要な場合には，式 (*13.4*) の変数をつぎのように符号なし整数に置き換えて演算を行い順次求めていく。このときの演算としてはビットごとの排他的論理和を求めればよい。

$$y_i = y_{i-32} \oplus y_{i-521} \quad (521 \leqq i) \tag{13.5}$$

コーヒーブレイク

M 系列の利用

近年，M 系列は非常に多くの分野で利用されている。最も身近なところでは，私たちが利用している携帯電話の通信方式に利用されている。携帯電話の通信方式は**スペクトル拡散**という方式を用いており，その中心的な役割を担っているのが M 系列である。それ以外にもレーダや GPS などの最新の技術に利用されている。

13.1.4 メルセンヌツイスタ

1996 年に松本 眞氏と西村拓士氏によって開発された**メルセンヌツイスタ**（Mersenne Twister）と呼ばれる方法がある。これは M 系列乱数を改良した乱数発生法である。きわめて長い周期 $2^{19\,937}-1$ をもち，623 次元以下で一様に分布するという性質をもっている。

つぎに，メルセンヌツイスタの計算方法を簡単に説明する。x_k を 32 ビットの符号なし整数として，$x_0, x_1, \cdots, x_{623}$ を適当に初期化する。x_k $(k = 0, \cdots, 623)$ を 2 進数表現したときの各ビットは，すべてが 0 以外であれば何でもよいが，0 と 1 のビットがほどよく混ざった値であることが望ましい。そして，ビットごとの排他的論理輪を用いたつぎの漸化式で x_{624} 以降の値を計算する。

$$x_{k+624} = x_{k+397} \oplus f(x'_k)$$

ここで x'_k は，x_k の上位 1 ビットと x_{k+1} の下位 31 ビットを連結した 32 ビットの数値を表す。また，関数 $f(x)$ はつぎのような演算を行う。

$$f(x) = \lfloor x/2 \rfloor \oplus ((x \bmod 2) \times \mathrm{0x9908B0DF})$$

上式で $\lfloor x \rfloor$ は x を超えない最大の整数を意味する。この乱数発生アルゴリズムでは，発生した乱数の周期が**メルセンヌ数**となっている。

> **コーヒーブレイク**
>
> **メルセンヌ数**
>
> $2^p - 1$（p は素数）の形の数のことを**メルセンヌ数**という。Marin Mersenne（1588〜1648）が 1644 年に，$p = 2, 3, 5, 7, 13, 17, 31, 67, 127, 257$ のとき $M_p = 2^p - 1$ は素数であると主張したことでこのように呼ばれている。現在では，$p = 67, 257$ は素数でないことが確認されており，またこれら以外にも多くのメルセンヌ数が発見されている。

13.2 モンテカルロ法の基本的問題

ここでは有名なモンテカルロ法の問題のいくつかを紹介する。

13.2.1 ビュッフォンの針の問題

床の上に等間隔に引かれた平行線群があり，その間隔を $2a$ とする。床の上に長さ $2l$（$l < a$）の針をランダムに落とすとき，その針が平行線と交わる確率はいくらかというのが**ビュッフォン**（Buffon）**の針の問題**である。

この問題を解くために，図 ***13.1*** に示すように針の中点と平行線（基準線，ここでは $y = 0$）との距離を y とする。このとき，y が $[a, 3a]$ の範囲で一様に分布し，針と平行線とのなす角 θ が $[0, \pi]$ の範囲で一様分布をすると考える。ここでは針が平行線 $y = 2a$ と交わることを考えているので，角度 θ はつぎの式を満たす必要がある。

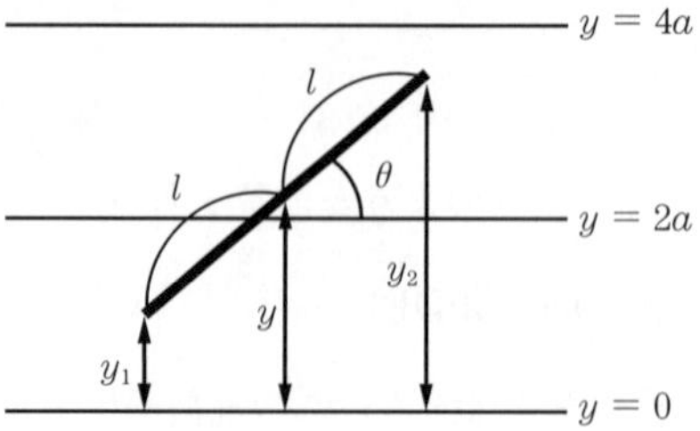

図 **13.1** ビュッフォンの針の問題

$$|y - 2a| \leq l \sin\theta \tag{13.6}$$

(y, θ) 平面を考えたとき，平面内の針が落ちる可能性のある総面積は次式で表すことができる。

$$m = 2a \times \pi = 2a\pi \tag{13.7}$$

式 (13.6) から (y, θ) 平面において針と平行線が交わる可能性のある範囲の面積はつぎのようになる。

$$m' = 2\int_0^{\pi} l \sin\theta d\theta = 4l \tag{13.8}$$

求める確率 P は，m と m' の面積比に相当するのでつぎのようになる。

$$P = \frac{m'}{m} = \frac{2l}{a\pi} \tag{13.9}$$

ビュッフォンの針の問題の結果を利用して，モンテカルロ法による確率 P の値から円周率 π を計算することが多い。

例題 13.2 図 **13.1** のように設定されたビュッフォンの針の問題をもとにして，モンテカルロ法によって円周率 π を求める計算機シミュレーションの手法を説明せよ。

【解答】 図のように針の中心座標を y，針と平行線のなす角を θ とすると，針の両端の座標 y_1，y_2 はつぎのように表現できる。

$$y_1 = y - l \sin\theta$$

$$y_2 = y + l \sin\theta$$

いま，針の中心座標は $[a, 3a]$ の範囲であり，平行線と交わる角度 θ は $[0, \pi]$ の範囲であると考える。

step 1: 針を落とす代わりに区間 $[a, 3a]$ と $[0, \pi]$ の一様乱数 u_1, u_2 を二つ求めて，それぞれを y と θ の値とする。一様乱数 u_1, u_2 の区間は $[0, 1]$ なのでつぎの式を用いて区間変更を行う。

$$y = 2au_1 + a$$

$$\theta = \pi u_2$$

step 2: この問題の設定では針が平行線 $y = 2a$ と交わる確率について考えればよい。$y_1 - 2a$ および $y_2 - 2a$ の値を計算したとき，$y_1 - 2a$ と $y_2 - 2a$ の値が逆符号ならば針と平行線が交わる。針が平行線と交わっていれば変数 n の値を 1 増やす（n の初期値は 0）。

step 3: step 1 と step 2 を N 回を行う。

step 4: 全試行数 N と交わった回数 n の比 $P = n/N$ を用いて，次式を計算することにより円周率を求めることができる。

$$\pi = \frac{2l}{aP}$$

◇

ここでは，基準線を $y = 0$ としたときに針が平行線 $y = 2a$ と交わる確率を求めたが，基準線 $y = 0$ との交差確率を求めるように定式化することもでき，その場合も確率を計算する式はまったく同形となる。

例題 *13.3* 一辺が $2l$ の正方形とそれに内接する円を考える。モンテカルロ法を用いて，正方形上にランダムに点を落としたときの点の位置から円周率 π の値を計算する方法を述べよ。

【解答】 一辺が $2l$ の正方形とそれに内接する円の面積比 P は落とした点の総数 N と円の内部に落ちた点の数 n を用いて，つぎのように表すことができる。

$$P = \frac{l^2\pi}{(2l)^2} = \frac{\pi}{4} = \frac{n}{N}$$

これより，次式を得る。

$$\pi = \frac{4n}{N}$$

落とした点の総数 N と円の内部に落ちた点の数 n がわかれば，上式を用いて円周率を計算することができる。 ◇

13.2.2 求積問題

次式で示される定積分の問題もモンテカルロ法を用いて計算することができる。ただし，モンテカルロ法での計算は，あくまでも近似計算である。

$$I = \int_a^b f(x)dx \quad (a < b) \tag{13.10}$$

いま，u を区間 $[a, b]$ の一様乱数とすると，u の確率密度関数 $p(u)$ はつぎのようになる。

$$p(u) = \begin{cases} \dfrac{1}{b-a}, & u \in [a, b] \\ 0, & u \notin [a, b] \end{cases} \tag{13.11}$$

このとき，$f(u)$ の期待値 E はつぎのようになる。

$$E\left[f(u)\right] = \int_a^b f(u)p(u)du = \frac{I}{b-a} \tag{13.12}$$

この定式化をもとにして，モンテカルロ法によって定積分を計算する方法を説明する。モンテカルロ法は乱数を用いた計算方法なので，多変数関数の場合にはすべての変数の積分区間を $[0, 1]$ に規格化しておくと計算が容易になる。求積法でよく用いられるモンテカルロ法としては，つぎに示す入門的モンテカルロ法と「あたりはずれ」のモンテカルロ法がある。

(1) 入門的モンテカルロ法 (crude Monte Carlo method)

区間 $[a, b]$ で N 個の乱数 u_i $(i = 1, \cdots, N)$ を発生させる。N の値が十分に大きいとき，期待値はつぎのように計算できる。

$$E\left[f(u_i)\right] = \frac{1}{N}\sum_{i=1}^{N} f(u_i) \tag{13.13}$$

式 (13.12) と式 (13.13) を比較して，積分値 I を求める式はつぎのように表すことができる。

$$I = \frac{b-a}{N}\sum_{i=1}^{N} f(u_i)$$

区間 $[a,b]$ で N 個の乱数を発生させたときの計算式は，区間 $[a,b]$ を N 等分して数値積分を行ったのと同じ式になる。モンテカルロ法の場合には区間 $[a,b]$ で等間隔に計算されていないので，N の値が小さいと近似精度が落ちてしまう。

(2) 「あたりはずれ」のモンテカルロ法 (hit-or-miss Monte Carlo method)

図 13.2 に示すように $0 \leqq f(x) \leqq c$ として $0 \leqq y \leqq c$ および $a \leqq x \leqq b$ の矩形領域を考える。区間 $[0,1]$ の二つの一様乱数 u_1, u_2 を発生させて，それぞれを区間 $[a,b]$, $[0,c]$ の一様乱数 r_x, r_y に変換する。この二つの一様乱数を一つの座標点 (r_x, r_y) に対応付ける。得られた座標点は矩形領域の範囲内の点となっている。この点が関数 $f(x)$ より下にくるかどうかを次式によって判断する。

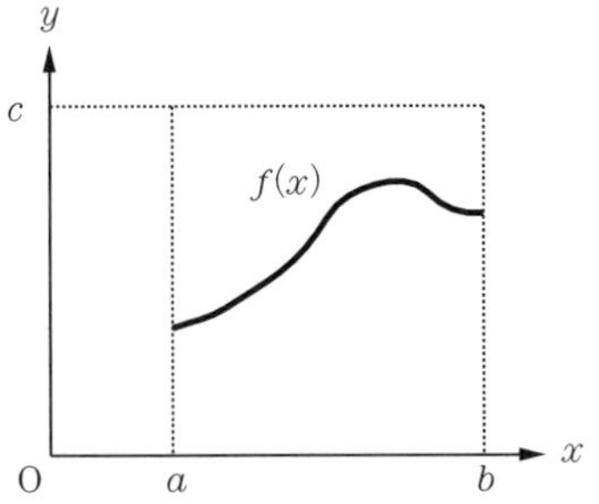

図 13.2 求積問題

$$r_y \leqq f(r_x)$$

点 (r_x, r_y) が関数 $f(x)$ より下にくる場合の数の総数を n，座標点発生の総試行回数を N とすると，$f(x)$ より下の領域と矩形領域の面積比を考えて次式を得ることができる。

$$\frac{1}{c(b-a)}\int_a^b f(x)dx = \frac{n}{N}$$

上式より問題の積分値 I はつぎのようにして求めることができる。

$$I = \int_a^b f(x)dx = c(b-a)\frac{n}{N}$$

つぎに入門的モンテカルロ法を用いて数値積分を行う例を示すことにする。

例題 13.4 つぎの定積分を入門的モンテカルロ法で計算する方法について説明せよ。

$$I = \int_0^1 f(x)dx = \int_0^1 \frac{1}{1+x}dx$$

【解答】 区間 $[0, 1]$ で N 個の一様乱数 u_i $(i = 1, \cdots, N)$ を発生させて，$f(u_i)$ を計算する。その計算値をもとにして，定積分をつぎのように計算する。

$$I = \frac{1}{N}\sum_{i=1}^{N} f(u_i)$$

乱数の発生個数 N が少ない場合には近似の精度が悪くなる。 ◇

例題 13.5 つぎの重積分を入門的モンテカルロ法で計算する方法について説明せよ。

$$I = \int_1^3 \left[\int_{-1}^2 \left[\int_0^1 xyzdz\right] dy\right] dx$$

【解答】 先にも述べたように，多変数関数の定積分では，すべての変数の積分区間を $[0, 1]$ に規格化しておくと計算が容易になる。問題の式は，つぎのように変数変換することによって積分区間の規格化を行うことができる。

$$x = 2p + 1,\ \ y = 3q - 1$$

$$I = \int_0^1\int_0^1\int_0^1 6(2p+1)(3q-1)zdudvdz = \int_0^1\int_0^1\int_0^1 f(p, q, z)dpdqdz$$

区間を $[0, 1]$ の一様乱数 $u_{3i-2}, u_{3i-1}, u_{3i}$ を発生させてそれぞれを p, q, z の値とする。$u_{3i-2}, u_{3i-1}, u_{3i}$ の値を使ってつぎの計算により定積分の値を求める。

$$I = \frac{1}{N}\sum_{i=1}^{N} f(u_{3i-2}, u_{3i-1}, u_{3i})$$

◇

13.2.3 酔歩問題

粒子の拡散問題など物理現象のシミュレーションの基本を勉強するときによく使われる問題として**酔歩問題**というものがある。これは千鳥足の酔っ払いが N 歩進んだときに，直線的に進んだ場合と比べて x だけずれている確率はいくらかという問題である。この問題はつぎのような設定となっている。

問題の設定条件

(1) 図 ***13.3*** に示すように，酔っ払いは最初 $x_0 = 0$, $y_0 = 0$ の点にいて，y 軸方向に向かってまっすぐ進もうとしている。

(2) y 軸の方向には着実に等間隔で歩いている。

(3) 酔っ払っているため x 軸方向については，右に行くか左に行くか確率 1/2 で，本人の意思によらないものとする。

(4) x 軸方向についても一歩の歩幅はつねに一定である。

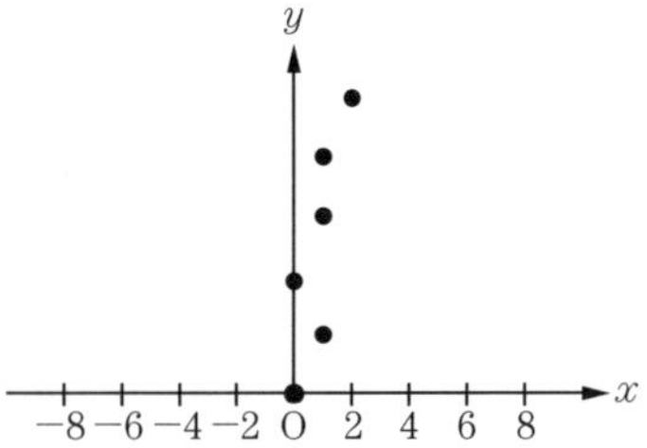

図 ***13.3*** 酔歩問題

問題解決の手順

step 1: 酔っ払いの i 歩後の x 軸方向の位置を x_i とする。x 方向の一歩の歩幅 $|\Delta x_i| = x_i - x_{i-1}$ はすべて等しく，$|\Delta x_i| = 1$ とする。

step 2: 区間 $[0, 1]$ の一様乱数 u_i を発生させる。

step 3: $u_i < 0.5$ のとき $\Delta x_i = -1$，$0.5 \leqq u_i$ のとき $\Delta x_i = 1$ 移動するとして，つぎの一歩で移動した後の酔っ払いの x 軸方向の位置を計算する。

$$x_{i+1} = x_i + \Delta x_i$$

step 4: step 2 および step 3 を n 回繰り返すことによって，n 歩後の酔っ払いの x 軸方向の位置を計算することができる。

$$x_n = x_0 + \sum_{i=1}^{n} \Delta x_i$$

step 5: step 2 から step 4 について N 回の試行を行い，横方向の位置 x に到達した回数 n_x と総試行回数 N の比 n_x/N を求めることによって，位置 x への到達確率を求める。

酔っ払いを粒子と見立てて，n 個の粒子を同時に原点においてその位置の広がりを計算すれば，粒子の拡散問題のシミュレーションということになる。

コーヒーブレイク

モンテカルロ法という名称の由来

モンテカルロというのはモナコ公国の観光・保養地の名前であり，毎年世界ラリー選手権が開催されることでよく知られている。また，カジノがあることでも有名な地名である。モンテカルロ法という名称は，乱数を利用して数学の問題を解くこととカジノで行われた賭博との類似性からそのように名づけられた。

章　末　問　題

(1) ビュッフォンの針の問題に対してモンテカルロ法を適用することによって，円周率 π を求めるプログラムを作成せよ。ただし，平行線の間隔 $a = 1.0$，針の長さ $l = 0.8$，試行回数 $N = 30\,000$ とする。

(2) 入門的モンテカルロ法を用いてつぎの積分値を求めるプログラムを作成せよ。ただし，試行回数試行回数 $N = 30\,000$ とする。

$$I = \int_0^1 \sqrt{1-x}$$

(3) モンテカルロ法を用いて酔歩問題を解くプログラムを作成せよ。ここで求めるのは 10 歩（$n = 10$）進んだときの x 軸方向の到達確率であり，試行回数を 100 回（$N = 100$）とする。また，10 歩進んだときの変移の分散も求めよ。

参 考 文 献

1)　竹内　啓：線形数学，培風館（1974）
2)　伊達　玄：ディジタル信号処理（上），コロナ社（1978）
3)　戸川隼人：数値計算法，コロナ社（1981）
4)　伊理正夫，藤野和建：数値計算の常識，共立出版（1985）
5)　相吉英太郎，志水清孝：数理計画法演習，朝倉書店（1985）
6)　菅野敬祐，吉村和美，高山文雄：C によるスプライン関数，東京電機大学出版局（1993）
7)　佐藤次男：C 言語による電気・電子工学問題の解法，森北出版（1995）
8)　戸川隼人：新装版　UNIX ワークステーションによる科学技術計算ハンドブック［基礎篇 C 言語版］，サイエンス社（1998）
9)　福井義成，野寺隆志，久保田光一，戸川隼人：新数値計算，共立出版（1999）
10)　永田　靖，棟近雅彦：多変量解析法入門，サイエンス社（2001）
11)　藪　忠司，伊藤　惇：数値計算法，コロナ社（2002）
12)　長谷川勝也：これならわかる Excel で楽に学ぶ多変量解析，技術評論社（2002）
13)　奥村晴彦，首藤一幸，杉浦方紀，土村展之，津留和生，細田隆之，松井吉光，光成滋生：Java によるアルゴリズム事典，技術評論社（2003）
14)　皆本晃弥：よくわかる数値解析演習，近代科学社（2005）

章末問題解答

[*1* 章]

(1)　つぎのように式を変形して用いればよい。

$$\sqrt{x+y}-\sqrt{x}=\frac{y}{\sqrt{x+y}+\sqrt{x}}$$

(2)　絶対値が最小となる小数は，指数部 $e=1$ および仮数部 $b_i=0$ $(i=9,\cdots,31)$ の場合であるからつぎの値となる。

$$\pm 2^{1-127}=\pm 2^{-126}=\pm 1.175\,494\,35\times 10^{-38}$$

絶対値が最大となる小数は，$e=254$ および $b_i=1$ $(i=9,\cdots,31)$ の場合であるからつぎの値となる。

$$\pm 2^{254-127}\times\left(1+\sum_{i=9}^{31}\frac{1}{2^{i-8}}\right)=\pm 3.402\,823\,67\times 10^{38}$$

[*2* 章]

(1)　行列の大きさを 3×3 としたときのプログラムをつぎに示す。

```
#include <stdio.h>
#define N 3
int main(void)
{
    int i, j, k;
    double a[N][N], b[N][N], c[N][N], x;
    for(i=0; i<N-1; i++){
        for(j=0; j<N-1; j++){
            printf("a[%d][%d] =", i, j);
            scanf("%lf", &x);
            a[i][j] = x;
        }
    }
    for(i=0; i<N-1; i++){
        for(j=0; j<N-1; j++){
            printf("b[%d][%d] =", i, j);
            scanf("%lf", &x);
```

```
            b[i][j] = x;
        }
    }

    for(i=0; i<=n-1; i++){
        for(j=0; j<=n-1; j++){
            c[i][j]=0.0;
            for(k=0; k<=n-1; k++){
                c[i][j]+=a[i][k]*b[k][j];
            }
        }
    }

    for(i=0; i<N-1; i++){
        for(j=0; j<N-1; j++){
            printf("c[%d][%d] = %f¥n", i, j, c[i][j]);
        }
    }
    return 0;
}
```

(2)

```
#include <stdio.h>
#include <math.h>
#define  N  3

void crout(double a[N][N], double L[N][N], double U[N][N]);

int main(void)
{
    double a[N][N]={{6,5,4},{12,13,10},{18,21,17}},
           L[N][N], U[N][N], x;
    int i, j;

    crout(a, L, U);

    printf("¥n");
    for(i=0; i<=N-1; i++){
        for(j=0; j<=N-1; j++){
            printf("%f  ", L[i][j]);
```

```
        }
        printf("¥n");
    }
    printf("¥n");

    for(i=0; i<=N-1; i++){
        for(j=0; j<=N-1; j++){
            printf("%f  ", U[i][j]);
        }
        printf("¥n");
    }
    return 0;
}

void crout(double a[N][N], double L[N][N], double U[N][N])
{
    int i, j, k;

    L[0][0] = 1.0;
    U[0][0] = a[0][0];
    for(j=1; j<=N-1; j++)  U[0][j] = a[0][j];
    for(i=1; i<=N-1; i++)  U[i][0] = 0.0;
    for(i=0; i<=N-1; i++)  L[i][0] = a[i][0] / U[0][0];
    for(j=1; j<=N-1; j++)  L[0][j] = 0.0;

    for(i=1; i<=N-1; i++){
        L[i][i] = 1.0;
        U[i][i] = a[i][i];
        for(k=0; k<=i-1; k++){
            U[i][i] -= L[i][k] * U[k][i];
        }

        for(j=i+1; j<=N-1; j++){
            L[j][i] = a[j][i];
            for(k=0; k<=i-1; k++){
                L[j][i] -= L[j][k] * U[k][i];
            }
            L[j][i] /= U[i][i];
            U[j][i] = 0.0;
            L[i][j] = 0.0;
            U[i][j] = a[i][j];
```

```
                for(k=0; k<=i-1; k++){
                    U[i][j] -= L[i][k] * U[k][j];
                }
            }
        }
    }
```

[*3* 章]

(1)

```
#include <stdio.h>
#include <stdlib.h>
#include <math.h>
#define  N  3

void gauss(double a[N][N], double x[N], double b[N]);

int main(void)
{
    double a[N][N]={{6,5,4},{12,13,10},{18,21,17}}, x[N];
    double b[N]={8,16,27};
    int i;

    gauss(a, x, b);

    for(i=0; i<=N-1; i++){
        printf("x[%d] = %f¥n", i, x[i]);
    }
    return 0;
}

/* ガウスの消去法計算ルーチン */
void gauss(double a[N][N], double x[N], double b[N])
{
    double copy, akk, aik;
    int i, j, k, max;

    /* ピボット選択 */
    for(k=0; k<=N-2; k++){
        max = k;

        for(i=k+1; i<=N-1; i++){
```

```
        if(fabs(a[i][k]) > fabs(a[max][k]))    max = i;
    }

    /* 例外処理 (対角成分が小さな値になったとき) */
    if(fabs(a[max][k]) < 1.0e-7)    exit(0);

    /* 行の入れ替え */
    if(max != k){
        for(j=0; j<=N-1; j++){
            copy = a[k][j];
            a[k][j] = a[max][j];
            a[max][j] = copy;
        }
        copy = b[k];
        b[k] = b[max];
        b[max] = copy;
    }

    /* 前進消去 */
    akk = a[k][k];

    for(j=k; j<=N-1; j++){
        a[k][j] /= akk;
    }
    b[k] /= akk;

    for(i=k+1; i<=N-1; i++){
        aik = a[i][k];

        for(j=k; j<=N-1; j++){
            a[i][j] -= aik * a[k][j];
        }
        b[i] -= aik * b[k];
    }
}

/* 後退代入 */
x[k] = b[k] / a[k][k];

for(k=N-2; k>=0; k--){
    for(j=0; j<=N-1; j++){
```

```
            x[k] -= a[k][j] * x[j];
        }
        x[k] += b[k];
    }
}
```

(2)

```
#include <math.h>
#define  N  3   /* 変数の数 */
#define  M  400  /* 反復回数 */

void seidel(double a[N][N], double x[N], double b[N]);

int main(void)
{
    double a[N][N]={{6,5,4},{12,13,10},{18,21,17}}, x[N],
           b[N]={8,16,27}, temp;
    int i, j;

    for(i=0; i<N; i++)  x[i]=1.0;
    for(i=0; i<M; i++)  seidel(a, x, b);

    printf("¥n");
    for(i=0; i<N; i++){
        printf("x[%d] = %f¥n", i, x[i]);
    }
    return 0;
}

/* ガウスーザイデル法計算ルーチン */
void seidel(double a[N][N], double x[N], double b[N])
{
    double copy, akk, aik;
    int i, j;

    for(i=0; i<N; i++){
        x[i] = b[i];
        for(j=0; j<N; j++){
            if(i!=j)  x[i] -= a[i][j] * x[j];
        }
```

```
        x[i] /= a[i][i];
    }
}
```

[4 章]

(1)

```
#include <stdio.h>
#include <math.h>

#define  N  5 /* 行列のサイズ */
#define PI 3.1415926535897

void jacobi(double a[N][N], double e[N], double v[N][N]);

int main(void)
{
    int i, j;
    double a[N][N]={{2.0,-1.0,0.0,0.0,0.0},
                    {-1.0,2.0,-1.0,0.0,0.0},
                    {0.0,-1.0,2.0,-1.0,0.0},
                    {0.0,0.0,-1.0,2.0,-1.0},
                    {0.0,0.0,0.0,-1.0,2.0}},
           e[N], v[N][N], x;

    jacobi(a, e, v);

    for(j=0; j<N; j++){
        printf("e[%d]=%15.8f¥n", j, e[j]);
        printf("固有ベクトル ¥n");
        for(i=0; i<N; i++){
            printf("%15.8f¥n", v[i][j]);
        }
    }
    return 0;
}

/* ヤコビ法による固有値計算 */
void jacobi(double a[N][N], double e[N], double v[N][N])
{
    int i, j, kmax=100, repeat, p, q;
    double eps, c, s, theta, gmax;
```

```
double apq, app, aqq, apqmax, apj, aqj, vip, viq;

gmax=0.0;
for(i=0; i<N; i++){
    s=0.0;
    for(j=0; j<N; j++){
        s += fabs(a[i][j]);
    }
    if(s>gmax) gmax=s;
}
eps=0.000001*gmax;

for(i=0; i<N; i++){
    for(j=0; j<N; j++){
        v[i][j]=0.0;
    }
    v[i][i]=1.0;
}

for(repeat=1; repeat<kmax; repeat++){
    /* 収束判定 */
    apqmax = 0.0;
    for(p=0; p<N; p++){
        for(q=0; q<N; q++){
            if(p!=q){
                apq=fabs(a[p][q]);
                if(apq>apqmax) apqmax=apq;
            }
        }
    }
    if(apqmax<eps) break;

    for(p=0; p<N-1; p++){
        for(q=p+1; q<N; q++){
            apq=a[p][q];
            app=a[p][p];
            aqq=a[q][q];
            if(fabs(apqmax)<eps) break;

            if(fabs(app-aqq)>=1.0e-15){
                theta = 0.5*atan(2.0*apq/(app-aqq));
```

```
                }else{
                    theta = PI/4.0;
                }
                c = cos(theta);
                s = sin(theta);

                a[p][p] = app*c*c + 2.0*apq*c*s + aqq*s*s;
                a[q][q] = app*s*s - 2.0*apq*c*s + aqq*c*c;

                a[p][q] = 0.0;
                a[q][p] = 0.0;

                for(j=0; j<N; j++){
                    if(j!=p && j!=q){
                        apj = a[p][j];
                        aqj = a[q][j];
                        a[p][j] = apj*c + aqj*s;
                        a[q][j] = -apj*s + aqj*c;
                        a[j][p] = a[p][j];
                        a[j][q] = a[q][j];
                    }
                }
                for(i=0; i<N; i++){
                    vip=v[i][p];
                    viq=v[i][q];
                    v[i][p] = vip*c + viq*s;
                    v[i][q] = -vip*s + viq*c;
                }
            }
        }
        eps=eps*1.05;
    }
    for(i=0; i<N; i++)  e[i] = a[i][i];
}
```

(2)

```
#include <stdio.h>
#include <math.h>
#define  N  5 /* 行列のサイズ */
#define  M  100 /* 演算の繰り返し回数 */
```

```
void crout(double a[N][N], double L[N][N], double U[N][N]);
void product(double a[N][N], double L[N][N], double R[N][N]);

int main(void)
{
    int i, j, k;
    double a[N][N]={{2.0,-1.0,0.0,0.0,0.0},
                    {-1.0,2.0,-1.0,0.0,0.0},
                    {0.0,-1.0,2.0,-1.0,0.0},
                    {0.0,0.0,-1.0,2.0,-1.0},
                    {0.0,0.0,0.0,-1.0,2.0}},
           L[N][N], R[N][N], x;

    for(k=0; k<=M; k++){
        crout(a, L, R);
        product(a, L, R);
    }

    for(i=0; i<=N-1; i++){
        for(j=0; j<=N-1; j++){
            printf("%f  ", a[i][j]);
        }
        printf("¥n");
    }
    printf("¥n");
    return 0;
}

/* LU 分解計算ルーチン（crout 法） */
void crout(double a[N][N], double L[N][N], double U[N][N])
{
    int i, j, k;

    L[0][0] = 1.0;
    U[0][0] = a[0][0];
    for(j=1; j<=N-1; j++)  U[0][j] = a[0][j];
    for(i=1; i<=N-1; i++)  U[i][0] = 0.0;
    for(i=0; i<=N-1; i++)  L[i][0] = a[i][0] / U[0][0];
    for(j=1; j<=N-1; j++)  L[0][j] = 0.0;

    for(i=1; i<=N-1; i++){
```

```
        L[i][i] = 1.0;
        U[i][i] = a[i][i];
        for(k=0; k<=i-1; k++){
            U[i][i] -= L[i][k] * U[k][i];
        }

        for(j=i+1; j<=N-1; j++){
            L[j][i] = a[j][i];
            for(k=0; k<=i-1; k++){
                L[j][i] -= L[j][k] * U[k][i];
            }

            L[j][i] /= U[i][i];
            U[j][i] = 0.0;
            L[i][j] = 0.0;
            U[i][j] = a[i][j];

            for(k=0; k<=i-1; k++){
                U[i][j] -= L[i][k] * U[k][j];
            }
        }
    }
}

/* 行列の積の計算 */
void product(double a[N][N], double L[N][N], double R[N][N])
{
    int i, j, k;
    for(i=0; i<=N-1; i++){
        for(j=0; j<=N-1; j++){
            a[i][j]=0.0;
            for(k=0; k<=N-1; k++){
                a[i][j]+=R[i][k]*L[k][j];
            }
        }
    }
}
```

[5 章]

(1)

```
#include <stdio.h>
#define  N  6  /* データ数 */

int main(void)
{
    int i, j;
    double x[N]={0.0,1.0,2.0,3.0,4.0,5.0},
           y[N]={10.2,12.0,15.7,17.0,20.5,22.4},
           a0,a1,sumx=0.0,sumy=0.0,sumxx=0.0,sumxy=0.0;

    for(i=0; i<N; i++){
        sumx += x[i];
        sumy += y[i];
        sumxx += x[i]*x[i];
        sumxy += x[i]*y[i];
    }
    a0 = (sumy*sumxx - sumx*sumxy)/(N*sumxx - sumx*sumx);
    a1 = (N*sumxy -sumx*sumy)/(N*sumxx - sumx*sumx);
    printf("a0=%f,  a1=%f¥n", a0, a1);
    return 0;
}
```

(2) 第 1 主成分 $\boldsymbol{z}_1$ の分散はつぎのように表すことができる。

$$V_{z_1} = \frac{1}{n-1}\sum_{i=1}^{n} z_{i1}^2$$

$$= \boldsymbol{a}^t \left(\frac{1}{n-1}\sum_{i=1}^{n} \boldsymbol{u}_i \boldsymbol{u}_i^t \right) \boldsymbol{a} = \boldsymbol{a}^t \boldsymbol{R}\boldsymbol{a}$$

ここで分散を求めるときにつぎの制約条件を利用する。

$$\sum_{i=1}^{p} \boldsymbol{a}_i^2 = \boldsymbol{a}^t \boldsymbol{a} = 1$$

ラグランジュの未定乗数法のための定式化を行う。

$$f(\boldsymbol{a},\lambda)=\boldsymbol{a}^t\boldsymbol{R}\boldsymbol{a}-\lambda(\boldsymbol{a}^t\boldsymbol{a}-1)$$

この式をベクトル $\boldsymbol{a}$ で微分して 0 とおくとつぎのようになる。

$$\frac{\partial f}{\partial \boldsymbol{a}}=2\boldsymbol{R}\boldsymbol{a}-2\lambda\boldsymbol{a}=0$$

これより次式が得られる。

$$\boldsymbol{R}\boldsymbol{a}=\lambda\boldsymbol{a}$$

これより係数 a_i は上の固有値問題の最大固有値に対応する大きさ 1 の固有ベクトルを求めればよい。

[*6* 章]

(1)

```
#include <stdio.h>

#define N 17
#define DIV 10

int main(void)
{
  int i, j;
  double x[N]={-4.0,-3.5,-3.0,-2.5,-2.0,-1.5,-1.0,-0.5,0.0,
                0.5,1.0,1.5,2.0,2.5,3.0,3.5,4.0},
         y[N]={0.0,0.1,0.4,0.9,1.6,2.5,3.6,4.9,6.4,
                11.3,14.9,17.4,19.0,19.9,20.3,20.4,20.4},
         xval, yval, h;

  h = 0.5 / (double)DIV;

  for(i=0; i<N-1; i++){
      for(j=0; j<DIV; j++){
          xval=x[i]+(double)j*h;
          yval=y[i]+(y[i+1]-y[i])*(xval-x[i])/(x[i+1]-x[i]);
          printf("x=%f, y=%f¥n", xval, yval);
      }
  }
```

```
  return 0;
}
```

(2)

```
#include <stdio.h>
#include <math.h>

#define N 21

double lagrange(double xval,double x[N],double y[N],int k);

int main(int argc, char *argv[])
{
    int i, j, k=0;
    double x[N]={-5,-4.5,-4,-3.5,-3,-2.5,-2,-1.5,-1,-0.5,0,
                    0.5,1,1.5,2,2.5,3,3.5,4,4.5,5},
             y[N]={0.0066,0.01098,0.0179,0.0293,0.04742,
                    0.0758,0.1192,0.1824,0.2689,0.3775,0.5,
                    0.6224,0.7310,0.8175,0.8807,0.9241,
                    0.9525,0.9706,0.9820,0.9890,0.9933},
        xval, yval;

    for(i=0; i<=10*(N-1); i++){
        xval=x[k]+0.5*(double)i/10.0;
        yval = lagrange(xval, x, y, k);
        printf("%f¥t%f¥n", xval, yval);
    }
    return 0;
}

double lagrange(double xval,double x[N],double y[N],int k)
{
    int i,j;
    double s, nix;
    s = 0.0;
```

```
    for(i=k; i<=k+N-1; i++){
        nix = 1.0;
        for(j=k; j<=k+N-1; j++){
            if(i!=j){
                nix*=(xval-x[j])/(x[i]-x[j]);
            }
        }
        s+=y[i]*nix;
    }
    return s;
}
```

[7 章]

(1)

```
#include<stdio.h>
#include<math.h>

#define PI 3.14159265358979323846
#define N 64 //FFT のデータ点数

void dft(double x[N], double Xr[N], double Xi[N]);

int main(void)
{
//DFT 計算に必要な変数
    double x[N], Xr[N], Xi[N];
    int i;

    for(i=0; i<N; i++)  x[i] = 0.0;
    for(i=N/4; i<3*N/4; i++)  x[i] = 1.0;

    dft(x, Xr, Xi);

    for(i=0; i<N; i++){
        printf("%f,%f,%f,%f¥n", Xr[i], Xi[i],
```

```
                sqrt(Xr[i]*Xr[i]+Xi[i]*Xi[i]), x[i]);
    }
    return 0;
}

void dft(double x[N], double Xr[N], double Xi[N])
{
    int k, p;

    for (k = 0; k < N; k++){
        Xr[k] = 0.0;
        Xi[k] = 0.0;

        for (p=0; p<N; p++){
                Xr[k]+=x[p]*cos(2.0*PI*p*k/(double)N);
                Xi[k]-=x[p]*sin(2.0*PI*p*k/(double)N);
        }
        Xr[k]=Xr[k]/sqrt((double)N);
        Xi[k]=Xi[k]/sqrt((double)N);
    }
}
```

[*8* 章]

(1)

```
#include  <stdio.h>

double f(double t, double x);

int main(void)
{
    double  t, x , dx, h;
    int i;

    h=0.1;  /* 計算の刻み幅 */
    t=0.0;  x=1.0;  /* 微分方程式を解くための初期値 */

    for(i = 0; i < 21; i++){
```

```
        printf("%10.6f, %10.6f¥n", t, x);
        dx = h * f(t, x);  /* 増分の計算 */

        /* 値の更新 */
        x += dx;
        t += h;
    }
    return 0;
}

double f(double t, double x)
{
    double dif;
    dif =  - x;
    return(dif);
}
```

(2)

```
#include  <stdio.h>

double f1(double t, double x1, double x2);
double f2(double t, double x1, double x2);

int main(void)
{
    double  t, x1, x2, dx1, dx2;
    double  k11, k12, k13, k14, k21, k22, k23, k24, h;
    int i ;

    h = 0.01;  /* 刻み幅の設定 */
    t = 0.0;  x1 = 0.0;  x2 = 0.0;  /* 初期値の設定 */

    for(i = 0; i < 20; i++) {
        k11=h*f1(t, x1, x2);
        k21=h*f2(t, x1, x2);
        k12=h*f1(t+h/2.0, x1+k11/2.0, x2+k21/2.0);
        k22=h*f2(t+h/2.0, x1+k11/2.0, x2+k21/2.0);
        k13=h*f1(t+h/2.0, x1+k12/2.0, x2+k22/2.0);
        k23=h*f2(t+h/2.0, x1+k12/2.0, x2+k22/2.0);
        k14=h*f1(t+h, x1+k13, x2+k23);
        k24=h*f2(t+h, x1+k13, x2+k23);
```

```
        /* 各変数の増分の計算 */
        dx1=(k11+2.0*k12+2.0*k13+k14)/6.0;
        dx2=(k21+2.0*k22+2.0*k23+k24)/6.0;

        printf("%10.6f  %10.6f  %10.6f¥n", t, x1, x2);

        /* 値の更新 */
        x1+=dx1;
        x2+=dx2;
        t+=h;
    }
    return 0;
}

double f1(double t, double x1, double x2)
{
    double dif;
    dif =  x2;
    return(dif);
}

double f2(double t, double x1, double x2)
{
    double dif;
    dif = x2 + 2*x1 + 6;
    return(dif);
}
```

[*9* 章]

(1)

```
#include <stdio.h>
#include <math.h>
#define EPS 0.01

int main(void)
{
  double x1=0.5,x2=1.0,dx1,dx2,f1,f2,j11,j12,j21,j22,norm;
  int i, j;

  for(i=0; i<20; i++){
      f1 = 2.0*x1*x1*x1-x2*x2*x2-9.0;
```

```
    f2 = x1*x1*x1-2.0*x2*x2*x2-4.0;

    j11 = 6.0*x1*x1;
    j12 = -3.0*x2*x2;
    j21 = 3.0*x1*x1;
    j22 = -6.0*x2*x2;

    dx1 = (j22*f1-j12*f2)/(j11*j22-j12*j21);
    dx2 = (-j21*f1+j11*f2)/(j11*j22-j12*j21);

    norm = sqrt(dx1*dx1+dx2*dx2);
    if(norm<EPS)  break;

    x1 -= dx1;
    x2 -= dx2;
    printf("x1=%f,  x2=%f¥n",x1, x2);
  }
  return 0;
}
```

［*10* 章］

(1)

```
#include <stdio.h>

#define  EPS  0.01
#define  ALPHA  0.1
#define  M  100  /* 反復回数 */

int main(int argc, char *argv[])
{
  double x1=0.0, x2=0.0, dx1, dx2, norm;
  int i, j;

  for(i=0;i<M;i++){
    dx1 = 2.0*(x1-2.0) + 2.0*(x1-2.0*x2);
    dx2 = -4.0*(x1-2.0*x2);
    norm = sqrt(dx1*dx1 + dx2*dx2);
    if(norm < EPS)  break;
```

```
    x1 -= ALPHA * dx1;
    x2 -= ALPHA * dx2;
    printf("x1=%f,  x2=%f¥n", x1, x2);
  }
  return 0;
}
```

[*11* 章]

(1)

```
/* 台形公式による数値積分 */
#include <stdio.h>
#include <math.h>
#define  N  20

double daikei(double y[N], double dx);
double func(double x);

int main(void)
{
    int i;
    double y[N],h,a=1.0,b=2.0,x,integral;
    h = (b-a)/(double)N;
    for(i=0; i<=N; i++){
        x=a+(double)i*h;
        y[i]=func(x);
    }
    integral=daikei(y, h);
    printf("value = %f¥n", integral);
    return 0;
}

/* 台形公式による計算 */
double daikei(double y[N], double h)
{
    int i;
    double s, value;
    s = (y[0]+y[N])/2.0;
    for(i=1; i<N; i++)  s+=y[i];
    value = s*h;
    return value;
```

```
}

double func(double x)
{
    double y;
    y = 1.0/x;
    return y;
}
```

(2)

```
#include <stdio.h>
#include <math.h>

#define  N  20

double simpson(double y[N], double dx);
double func(double x);

int main(void)
{
    int i;
    double y[N],h,a=1.0,b=2.0,x,integral;
    h=(b-a)/(double)N;

    for(i=0; i<=N; i++){
        x = a+(double)i*h;
        y[i] = func(x);
    }
    integral = simpson(y, h);
    printf("value = %f¥n", integral);
    return 0;
}

/* シンプソンの公式による計算 */
double simpson(double y[N], double h)
{
    int i;
    double s, s1, s2;
    s1 = y[1];
    s2 = 0.0;
```

```
    for(i=2; i<=N-2; i+=2){
        s1 += y[i+1];
        s2 += y[i];
    }
    s = (y[0]+y[N]+4.0*s1+2.0*s2)*h/3.0;
    return s;
}

double func(double x)
{
    double y;
    y=1.0/x;
    return y;
}
```

[*12* 章]

(1)

```
#include <stdio.h>

#define  JMAX  50
#define  N  10 /* 領域の分割数 */
#define  Nt 10 /* 時間の分割数 */

int main(void)
{
    int i, j, n;
    double u0[N+1], u1[N+1], u2[N+1], ht, hx, x;

    hx = 1.0/(double)N; /* 領域の刻み幅 */
    ht = 1.0/(double)Nt; /* 時間の刻み幅 */

    /* 初期値 (t=t0) の設定 */
    for(i=0, x=0.0; x<0.5; x+=hx){
        u1[i]=2.0*x;
        i++;
    }
    for(x=0.5; x<1.00001; x+=hx){
        u1[i]=2.0*(1.0-x);
        i++;
    }
```

```
    u0[0] = 0.0;
    u0[N] = 0.0;
    for(i=1; i<N; i++){
        u0[i]=u1[i]
             +ht*ht*(u1[i+1]-2.0*u1[i]+u1[i-1])/(2.0*hx*hx);
    }

    u2[0] = 0.0;
    u2[N] = 0.0;
    for(j=0; j<JMAX; j++){
        for(i=1; i<N; i++){
            u2[i]=2.0*u1[i]
            -u0[i]+ht*ht*(u1[i+1]-2.0*u1[i]+u1[i-1])/(hx*hx);
        }
        for(i=0; i<=N; i++){
            printf("%f  ", u2[i]);
        }
        printf("¥n¥n");

        for(i=0; i<=N; i++){
            u0[i] = u1[i];
            u1[i] = u2[i];
        }
    }
    return 0;
}
```

［*13* 章］

(1)

```
#include <stdio.h>
#include <stdlib.h>
#include <time.h>
#include <math.h>

#define N   30000    /* 試行回数 */
#define PI  3.1415926535    /* 円周率 */

int main(void)
{
    int     i, n=0;
    double  a, L, y, y1, y2, r, x, judge, P, result;
```

```
    a = 1.0;  /* 平行線間隔 */
    L = 0.8;  /* 針の長さ */

    /* 乱数の初期化 */
    srand(time(NULL));

    i = 1;
    while(i <= N){
        r = (double)rand()/(double)RAND_MAX;
        y = a + 2.0 * a * r;  /* 針の中心位置 */
        r = (double)rand()/(double)RAND_MAX;
        x = PI * r;
        y1 = y - L * sin(x);  /* 針の端の位置 (No.1) */
        y2 = y + L * sin(x);  /* 針の端の位置 (No.2)*/
        judge = (y1 - 2.0 * a) * (y2 - 2.0 * a);
        if(judge < 0) n++;
        i++;
    }
    P = (double)n / (double)N;
    result = 2.0 * L / (a * P);  /* 円周率の計算 */
    printf("PAI = %f¥n", result);
    return 0;
}
```

(2)

```
#include <stdio.h>
#include <stdlib.h>
#include <time.h>
#include <math.h>
#define N   30000    /* 試行回数 */
double f(double x);
int main(void)
{
    int     i;
    double  a, b, r, sum=0.0, I;
    a = 0.0;
    b = 1.0;

    /* 乱数の初期化 */
    srand(time(NULL));
```

```
    i = 1;
    while(i <= N){
        r = (double)rand()/(double)RAND_MAX;
        sum += f(r);
        i++;
    }

    I = (b - a) * sum / (double)N;
    printf("value = %f¥n", I);
    return 0;
}

double f(double x)
{
    double y;
    y = sqrt(1.0 - x * x);
    return y;
}
```

(3)

```
#include <stdio.h>
#include <stdlib.h>
#include <time.h>

#define N   100          /* 試行回数 */
#define n   10            /* 1 試行あたりの歩数 */
#define SHIFT   15

int main(void)
{
    int i, j, x, nx[SHIFT]={0}, par;
    double  r, sum=0.0, ave, sqrsum=0.0, var;

    /* 乱数の初期化 */
    srand(time(NULL));

    for(j=1; j<=N; j++){
        i = 1;
        x = 0;
        while(i <= n){
            r = (double)rand()/(double)RAND_MAX;
```

```
            if(r < 0.5){
                x--;
            }else if(r > 0.5){
                x++;
            }
            i++;
        }

        sum+=(double)x;
        sqrsum+=(double)(x*x);

        if(x>=-(int)(SHIFT/2) && x<=(int)(SHIFT/2)){
            par = x + (int)(SHIFT / 2);
            nx[par]++;
        }
    }

    ave = sum/(double)N;
    var = sqrsum/(double)N-ave*ave;

    for(i=0; i<SHIFT; i++){
        printf("Nx[%d] = %f¥n",
               i-(int)(SHIFT / 2), (double)nx[i]/(double)N);
    }

    printf("¥naverage = %f¥n", ave);
    printf("variance = %f¥n", var);
    return 0;
}
```

索　　　　引

―― 著 者 略 歴 ――

1982年　慶應義塾大学工学部計測工学科卒業
1989年　慶應義塾大学大学院博士課程修了（計測工学専攻）
　　　　工学博士（慶應義塾大学）
1989年　慶應義塾大学助手
1993年　慶應義塾大学専任講師
2003年　慶應義塾大学助教授
2007年　慶應義塾大学准教授
2009年　慶應義塾大学教授
　　　　現在に至る

数値計算法基礎

Fundamentals of Numerical Method

2006 年 4 月 6 日　初版第 1 刷発行
2020 年 12 月 20 日　初版第 9 刷発行

検印省略

著　者　田　中　敏　幸（た なか とし ゆき）
発行者　株式会社　コ ロ ナ 社
　　　　代 表 者　牛 来 真 也
印刷所　三 美 印 刷 株 式 会 社
製本所　有限会社　愛 千 製 本 所

112–0011　東京都文京区千石 4–46–10
発 行 所　株式会社　**コ　ロ　ナ　社**
CORONA PUBLISHING CO., LTD.
Tokyo Japan
振替 00140–8–14844・電話(03)3941–3131(代)
ホームページ　https://www.coronasha.co.jp

ISBN 978–4–339–06078–2　C3041　Printed in Japan　（中原）